中国中药资源大典
——中药材系列
中药材生产加工适宜技术丛书
中药材产业扶贫计划

川牛膝生产加工适宜技术

总主编　黄璐琦
主　　编　杨玉霞　林　娟
副主编　胡　平　郭俊霞　刘　雷

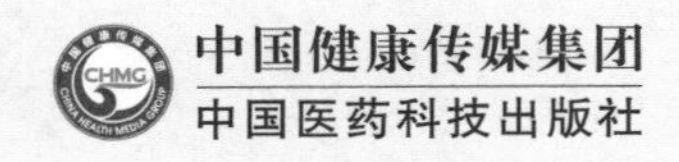

内容提要

《中药材生产加工适宜技术丛书》以全国第四次中药资源普查工作为抓手，系统整理我国中药材栽培加工的传统及特色技术，旨在科学指导、普及中药材种植及产地加工，规范中药材种植产业。本书为川牛膝生产加工适宜技术，包括：概述、川牛膝药用资源、川牛膝栽培技术、川牛膝特色适宜技术、川牛膝药材质量评价、川牛膝现代研究与应用等内容。本书适合中药种植户及中药材生产加工企业参考使用。

图书在版编目（CIP）数据

川牛膝生产加工适宜技术 / 杨玉霞，林娟主编 . — 北京：中国医药科技出版社，2018.8

（中国中药资源大典 . 中药材系列 . 中药材生产加工适宜技术丛书）

ISBN 978-7-5214-0397-8

Ⅰ . ①川…　Ⅱ . ①杨… ②林…　Ⅲ . ①川牛膝－栽培技术 ②川牛膝－中草药加工　Ⅳ . ① S567.23

中国版本图书馆 CIP 数据核字（2018）第 196601 号

美术编辑　陈君杞

版式设计　锋尚设计

出版　**中国健康传媒集团** | 中国医药科技出版社

地址　北京市海淀区文慧园北路甲 22 号

邮编　100082

电话　发行：010-62227427　邮购：010-62236938

网址　www.cmstp.com

规格　710 × 1000mm　1/16

印张　7 1/4

字数　62 千字

版次　2018 年 8 月第 1 版

印次　2018 年 8 月第 1 次印刷

印刷　北京盛通印刷股份有限公司

经销　全国各地新华书店

书号　ISBN 978-7-5214-0397-8

定价　35.00 元

中药材生产加工适宜技术丛书

—— 编委会 ——

本书编委会

主　编　杨玉霞　林　娟

副主编　胡　平　郭俊霞　刘　雷

编写人员　（按姓氏笔画排序）

王晓宇（四川省中医药科学院）
方清茂（四川省中医药科学院）
司欣鑫（四川省中医药科学院）
李青苗（四川省中医药科学院）
余　马（西南科技大学）
张　美（四川省中医药科学院）
陈铁柱（四川省中医药科学院）
周先建（四川省中医药科学院）
夏燕莉（四川省中医药科学院）
舒光明（四川省中医药科学院）

序

我国是最早开始药用植物人工栽培的国家，中药材使用栽培历史悠久。目前，中药材生产技术较为成熟的品种有200余种。我国劳动人民在长期实践中积累了丰富的中药种植管理经验，形成了一系列实用、有特色的栽培加工方法。这些源于民间、简单实用的中药材生产加工适宜技术，被药农广泛接受。这些技术多为实践中的有效经验，经过长期实践，兼具经济性和可操作性，也带有鲜明的地方特色，是中药资源发展的宝贵财富和有力支撑。

基层中药材生产加工适宜技术也存在技术水平、操作规范、生产效果参差不齐问题，研究基础也较薄弱；受限于信息渠道相对闭塞，技术交流和推广不广泛，效率和效益也不很高。这些问题导致许多中药材生产加工技术只在较小范围内使用，不利于价值发挥，也不利于技术提升。因此，中药材生产加工适宜技术的收集、汇总工作显得更加重要，并且需要搭建沟通、传播平台，引入科研力量，结合现代科学技术手段，开展适宜技术研究论证与开发升级，在此基础上进行推广，使其优势技术得到充分的发挥与应用。

《中药材生产加工适宜技术》系列丛书正是在这样的背景下组织编撰的。该书以我院中药资源中心专家为主体，他们以中药资源动态监测信息和技术服务体系的工作为基础，编写整理了百余种常用大宗中药材的生产加工适宜技术。全书从中药材的种植、采收、加工等方面进行介绍，指导中药材生产，旨在促进中药资源的可持续发展，提高中药资源利用效率，保护生物多样性和生态环境，推进生态文明建设。

丛书的出版有利于促进中药种植技术的提升，对改善中药材的生产方式，促进中药资源产业发展，促进中药材规范化种植，提升中药材质量具有指导意义。本书适合中药栽培专业学生及基层药农阅读，也希望编写组广泛听取吸纳药农宝贵经验，不断丰富技术内容。

书将付梓，先睹为悦，谨以上言，以斯充序。

中国中医科学院 院长

中 国 工 程 院 院士 张伯礼

丁酉秋于东直门

总 前 言

中药材是中医药事业传承和发展的物质基础，是关系国计民生的战略性资源。中药材保护和发展得到了党中央、国务院的高度重视，一系列促进中药材发展的法律规划的颁布，如《中华人民共和国中医药法》的颁布，为野生资源保护和中药材规范化种植养殖提供了法律依据；《中医药发展战略规划纲要（2016—2030年）》提出推进“中药材规范化种植养殖”战略布局；《中药材保护和发展规划（2015—2020年）》对我国中药材资源保护和中药材产业发展进行了全面部署。

中药材生产和加工是中药产业发展的“第一关”，对保证中药供给和质量安全起着最为关键的作用。影响中药材质量的问题也最为复杂，存在种源、环境因子、种植技术、加工工艺等多个环节影响，是我国中医药管理的重点和难点。多数中药材规模化种植历史不超过30年，所积累的生产经验和研究资料严重不足。中药材科学种植还需要大量的研究和长期的实践。

中药材质量上存在特殊性，不能单纯考虑产量问题，不能简单复制农业经验。中药材生产必须强调道地药材，需要优良的品种遗传，特定的生态环境条件和适宜的栽培加工技术。为了推动中药材生产现代化，我与我的团队承担了农业部现代农业产业技术体系“中药材产业技术体系”建设任务。结合国家中医药管理局建立的全国中药资源动态监测体系，致力于收集、整理中药材生产加工适宜技术。这些适宜技术限于信息沟通渠道闭塞，并未能得到很好的推广和应用。

本丛书在第四次全国中药资源普查试点工作的基础下，历时三年，从药用资源分布、栽培技术、特色适宜技术、药材质量、现代应用与研究五个方面系统收集、整理了近百个品种全国范围内二十年来的生产加工适宜技术。这些适宜技术多源于基层，简单实用、被老百姓广泛接受，且经过长期实践、能够充分利用土地或其他资源。一些适宜技术尤其适用于经济欠发达的偏远地区和生态脆弱区的中药材栽培，这些地方农民收入来源较少，适宜技术推广有助于该地区实现精准扶贫。一些适宜技术提供了中药材生产的机械化解决方案，或者解决珍稀濒危资源繁育问题，为中药资源绿色可持续发展提供技术支持。

本套丛书以品种分册，参与编写的作者均为第四次全国中药资源普查中各省中药原料质量监测和技术服务中心的主任或一线专家、具有丰富种植经验的中药农业专家。在编写过程中，专家们查阅大量文献资料结合普查及自身经验，几经会议讨论，数易其稿。书稿完成后，我们又组织药用植物专家、农学家对书中所涉及植物分类检索表、农业病虫害及用药等内容进行审核确定，最终形成《中药材生产加工适宜技术》系列丛书。

在此，感谢各承担单位和审稿专家严谨、认真的工作，使得本套丛书最终付梓。希望本套丛书的出版，能对正在进行中药农业生产的地区及从业人员，有一些切实的参考价值；对规范和建立统一的中药材种植、采收、加工及检验的质量标准有一点实际的推动。

黄璐琦

2017年11月24日

前言

川牛膝为著名的川产道地药材，来源于苋科杯苋属多年生草本植物川牛膝*Cyathula officinalis* Kuan的干燥根，具有逐瘀通经、通利关节、利尿通淋之功效，主治经闭癥瘕、胞衣不下、跌扑损伤、风湿痹痛、足痿筋挛、尿血血淋等证，主产于四川、贵州、云南、河北、陕西、湖南等地。以四川雅安的天全、宝兴、汉源和乐山地区的金口河区产量最大，以天全川牛膝最为有名。

川牛膝栽培历史悠久，但在栽培和产地加工方面仍存在较大问题。诸如：由于分布广泛，产区不一，长期没有开展品种选育工作，导致种质资源退化，并出现杂交类型；同时，栽培技术和采收加工亦不规范，影响了质量稳定性，原来的“油润、味甜、化渣”等特征几乎丧失殆尽。其混淆品头花杯苋（麻牛膝）和其杂交类型“杂牛膝”在部分产区大量存在，并以“川牛膝”销售，以致市场出现了甜牛膝、麻牛膝之分，造成了市场销售混乱。

为了挖掘和继承道地中药材川牛膝生产和产地加工技术，形成川牛膝优质标准化生产和产地加工技术规范，加大川牛膝生产加工适宜技术在各地区的推广应用，我们编写了本书，为确保生产出优质、高产、稳定、可控的川牛膝药材提供科学参考。本书共分六章，是编者总结实际工作经验结合文献资料而成，从药用资源、栽培技术、特色适宜技术、药材质量评价及现代研究与应用等方面对川牛膝进行了概述，对道地川牛膝生产和产地加工技术的挖掘和继承、优质标准化生产和产地加工技术规范的建立以及其生产加工适宜技术在各地区的推广应用具有重要意义。

限于作者水平，书中疏漏与不妥之处在所难免，恳望广大读者提出宝贵意见，以便修订提高

编者

2018年6月

目　录

第1章

概述

川牛膝（*Cyathula officinalis* Kuan）为苋科（Amaranthaceae）杯苋属（*Cyathula Blume*）植物，别名甜膝，为多年生草本植物。一般采三年生的根干燥后入药，为著名的川产道地药材，是《中国药典》2015年版一部收载品种，系临床常用中药。其药材性状呈近圆柱形，微扭曲，向下略细或有少数分枝，长30～60cm，直径0.5～3cm。表面黄棕色或灰褐色，具纵皱纹、支根痕和多数横长的皮孔样突起。质韧，不易折断，断面浅黄色或棕黄色，维管束点状，排列成数轮同心环。气微，味甜，归肝、肾经，具有逐瘀通经、通利关节、利尿通淋等功能。早在唐·蔺道人《仙授理伤续断秘方》中就有川牛膝的记载。现代药理研究表明，川牛膝在心血管系统、血液系统、子宫兴奋、抗肿瘤、免疫及抗炎方面有良好的效果；在延缓衰老、活血化瘀、补益肝肾方面作用突出。临床常用于治疗经闭癥瘕，胞衣不下，跌打损伤，风湿痹痛，足痿痉挛，尿血血淋等。近年有研究报道，川牛膝含的昆虫变态激素、脱皮多酮、杯苋甾酮有促进蛋白质合成、抗血小板聚集等活性，与川牛膝补肝肾、强筋骨功效相符。

川牛膝主要分布于四川、云南和贵州，野生或栽培，生长于海拔1500m以上的地区，以四川雅安的天全、宝兴、汉源和乐山地区的金口河区产量最大，资源十分丰富。其中，又以天全川牛膝最为有名。川牛膝的主要成分为甾醇类物质，如杯苋甾酮、异杯苋甾酮和头花杯苋甾酮等，其主要的药理作用有活血通经、祛风湿、通利关节、利尿通淋以及对治疗高血压性心脏病和痛经作用等。

川牛膝在四川的栽培历史悠久，早在清朝咸丰八年《天全州志》中就有记载。天全牛膝以其品质好、质量优而驰名中外。在川牛膝的栽培过程中，道地产区已形成了一套成熟的栽培技术，但在栽培过程中仍存在着严重的问题。如：在川牛膝繁育过程中，各产区药农在川牛膝种植上基本处于自发状态，川牛膝繁育停留在农户凭经验自繁自育，没有种子分级标准和检验规程，缺乏统一的规范和科学的组织管理，导致川牛膝种子质量良莠不齐，使产区川牛膝药材的产量和质量受到较大影响，出现天然杂交、品种混杂等原因，种内产生多种变异，品种退化、品质下降，甚至出现伪品。目前市场流通的川牛膝药材主要有3种，即川牛膝，来源于杯苋属植物川牛膝*C. officinalis* Kuan；麻牛膝，来源于杯苋属植物头花杯苋*C. capitata* Mop.；杂牛膝（川牛膝与头花杯苋的自然杂交种）来源于*C. officinalis* Kuan & *C. capitata* Mop.。川牛膝生产过程中不合理的栽培密度、施肥方法、施肥时间、施肥次数严重影响了川牛膝的产量和品质。产地加工的主要有直接晾晒和炕床烘干法，研究表明，不同的干燥方法对川牛膝的有效成分含量影响较大。目前在川牛膝用种、施肥和产地加工等均缺乏统一的、规范的标准。

本书从生物学特性、地理分布、生态适宜分布区域与适宜种植区域、种子

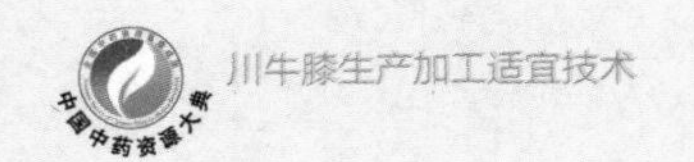

种苗繁育、栽培技术、采收与产地加工技术、特色适宜技术、本草考证与道地沿革、药典标准、质量评价及现代研究与应用等方面对川牛膝进行概述，挖掘和继承道地中药材川牛膝生产和产地加工技术，形成川牛膝优质标准化生产和产地加工技术规范，加大川牛膝生产加工适宜技术在各地区的推广应用。

第2章

川牛膝药用资源

一、形态特征与分类检索

（一）形态特征

多年生草本，高40～100cm；根圆柱形，鲜时表面近白色，干后灰褐色或棕黄色，根条圆柱状，扭曲，味甘而黏，后味略苦；茎直立，稍四棱形，多分枝，疏生长糙毛。叶片椭圆形或窄椭圆形，少数倒卵形，长3～12cm，宽1.5～5.5cm，顶端渐尖或尾尖，基部楔形或宽楔形，全缘，上面有贴生长糙毛，下面毛较密；叶柄长5～15mm，密生长糙毛。花丛为3～6次二歧聚伞花序，密集成花球团，花球团直径1～1.5cm，淡绿色，干时近白色，多数在花序轴上交互对生，在枝顶端成穗状排列，密集或相距2～3cm；在花球团内，两性花在中央，不育花在两侧；苞片长4～5mm，光亮，顶端刺芒状或钩状；不育花的花被片常为4，变成具钩的坚硬芒刺；两性花长3～5mm，花被片披针形，顶端刺尖头，内侧3片较窄；雄蕊花丝基部密生节状束毛；退化雄蕊长方形，长0.3～0.4mm，顶端齿状浅裂；子房圆筒形或倒卵形，长1.3～1.8mm，花柱长约1.5mm。胞果椭圆形或倒卵形，长2～3mm，宽1～2mm，淡黄色，包裹在宿存花被内。种子椭圆形或倒卵形，透镜状，长1.5～2mm，带红色，光亮。花期6～7月，果期8～9月。

产四川、云南、贵州等地。野生或栽培。生长在1500m以上地区。

根供药用，生品有下降破血行瘀作用，熟品补肝肾，强腰膝。

本种和绒毛杯苋相似，但后者为小灌木；茎及分枝密生灰色或锈色绒毛；叶片椭圆形，长5～7cm，两面密生绒毛，花球团间隔在2cm以内；退化雄蕊顶端流苏状，边缘有纤毛，二者可以区别。

图2-1　川牛膝原植株

图2-2　川牛膝的花

（二）分类检索

川牛膝为苋科（Amaranthaceae）杯苋属（*Cyathula Blume*）植物川牛膝（*Cyathula officinalis* Kuan）的干燥根。

苋科（Amaranthaceae）：一年或多年生草本，少数攀援藤本或灌木。叶互生或对生，全缘，少数有微齿，无托叶。花小，两性或单性同株或异株，或杂性，有时退化成不育花，花簇生在叶腋内，成疏散或密集的穗状花序、头状花序、总状花序或圆锥花序；苞片1及小苞片2，干膜质，绿色或着色；花被片

3～5，干膜质，覆瓦状排列，常和果实同时脱落，少有宿存；雄蕊常和花被片等数且对生，偶较少，花丝分离，或基部合生成杯状或管状，花药2室或1室；有或无退化雄蕊；子房上位，1室，具基生胎座，胚珠1个或多数，珠柄短或伸长，花柱1～3，宿存，柱头头状或2～3裂。果实为胞果或小坚果，少数为浆果，果皮薄膜质，不裂、不规则开裂或顶端盖裂。种子1个或多数，凸镜状或近肾形，光滑或有小疣点，胚环状，胚乳粉质。约60属，850种，分布很广。我国产13属，约39种。

杯苋属（*Cyathula Blume*）：草本或亚灌木；茎直立或伏卧。叶对生，全缘，有叶柄。花丛在总梗上成顶生总状花序，或3～6次二歧聚伞花序成花球团，在总梗上成穗状花序；每花丛有1～3朵两性花，其他为不育花，变形成尖锐硬钩毛；苞片卵形，干膜质，常具锐刺；在两性花中，花被片5，近相等，干膜质，基部不变硬；雄蕊5，花药2室，矩圆形，花丝基部膜质，连合成短杯状，分离部分和较短的齿状或撕裂状的退化雄蕊互生；子房倒卵形，胚珠1个，在长珠柄上垂生，花柱丝状，宿存，柱头球形。胞果球形、椭圆形或倒卵形，膜质，不裂，包裹在宿存花被内。种子矩圆形或椭圆形，凸镜状。约27种，分布于亚洲、大洋洲、非洲及美洲，我国产4种。某些种的根供药用。

苋科Amaranthaceae分属检索表

1 叶互生。

2 草本、亚灌木或攀援灌木；总状花序、穗状花序或圆锥花序；胚珠数个至多数；浆果（12种；我国2种，产四川、贵州、云南、西藏、广西、广东、台湾）……………………………………………………………… **1.浆果苋属**

2 草本或直立灌木。

3 胚珠或种子2个至数个，种子少有为1个。

4 浆果；花柱很短或无几 …………………………………………… **1.浆果苋属**

4 胞果盖裂；花柱伸长（约60种；我国3种，分布全国，野生或栽培）

……………………………………………………………………… **2.青葙属**

3 胚珠或种子1个。

5 花两性，数花成聚伞状花序，再形成头状花序；花丝基部连合成杯状；花柱丝状，柱头微2裂；种子有假种皮（单种属，部分亚洲热带地区，我国广东海南岛）……………………………………… **3.砂苋属**

5 花单性，雌雄同株或异株，成密生花簇，再排成穗状或圆锥花序；花丝离生；花柱短或无，柱头2～4，条形；种子无假种皮（60种；我国13种，从东北到西南，野生或栽培）……………… **4.苋属**

1 叶对生或茎上部叶互生。

6 在苞片腋部有2朵或更多朵花，其中能育两性花1至数朵，常伴有退化成钩状的不育花1至数朵（27种；我国有4种，四川、贵州、云南、西藏、广西、广东、台湾）………………………………………………………………………… **5.杯苋属**

6 在苞片腋部有1朵花，无退化的不育花。

7 雄蕊花药2室。

8 有退化雄蕊。

9 花微小，常有绵毛或短柔毛；花在花期后仍向上，不贴近总梗；小苞片无刺，基部不成翅状，在花期后不外折。

10 叶对生或互生；花被片卵形或矩圆形；胞果不裂或不规则开裂；种子肾状圆形，侧扁（约10种；我国3种，四川、云南、贵州、广东、广西）………………………………………………………… **6.白花苋属**

10 叶全部对生，或偶轮生；花被片披针状钻形；胞果顶端横盖裂；种子卵形，干燥时在种脐对面有窠状凹陷（仅1种，分布东南亚，我国产广东海南岛）…………………………………………………… **7.针叶苋属**

9 花小，无毛；花在花期后向下折，贴近伸长的总梗；小苞片有刺，基部翅状，花期后外折（3～5种；我国3种，除东北、内蒙古、新疆、青海外，全国分布）…………………………………………………………… **8.牛膝属**

8 无退化雄蕊；花无毛（27种；我国1种，产广东海南岛）……… **9.林地苋属**

7　雄蕊花药1室。

11　花两性，成头状花序。

12　有退化雄蕊；柱头1，头状（200种；我国4种，产华东、华中、西南、华南、野生或在其他地区栽培）………………………………… **10.莲子草属**

12　无退化雄蕊；柱头2～3，或2裂。

13　头状花序球形或半球形；花丝基部连合成管状或杯状，离生部分不裂2裂（100种；我国2种，1种广泛栽培，另1种产广东海南岛及西沙群岛，台湾）………………………………………………………… **11.千日红属**

13　头状花序球形或圆柱状；花丝基部连合成杯状，离生部分不裂（10种；我国1种，产台湾）…………………………………… **12.安旱苋属**

11　花单性或两性，成穗状花序，再排成圆锥花序（80种；我国1种，江苏、广东、广西、云南等地栽培）……………………………………… **13.血苋属**

川牛膝*Cyathula officinalis* Kuan检索表

1　叶对生或茎上部叶互生 ………………………………… **苋科Amaranthaceae**

2　在苞片腋部有2朵或更多朵花，其中能育两性花1至数朵，常伴有退化成钩状的不育花1至数朵（27种；我国4种，四川、贵州、云南、西藏、广西、广东、台湾）……………………………………… **杯苋属*Cyathula Blume***

3 叶片椭圆形或狭椭圆形，少数倒卵形；花干后近白色；退化雄蕊长0.3～0.4mm，顶端齿状浅裂；根灰褐色或棕黄色，根条圆柱形，扭曲，味甘而黏，后微回苦（四川、云南、贵州）………………………………………………………………… 川牛膝*Cyathula officinalis* **Kuan**

二、生物学特性

（一）生态习性

川牛膝喜寒凉湿润气候，多生于气候凉爽、湿润、光照充足的林缘或草丛中，怕酷热，以深厚、疏松、肥沃、富含腐殖质、排水良好的夹砂土为好，过于贫瘠的砂土或过黏的泥土不宜栽培。适宜生长于年均气温15℃，1月均气温3～8℃，7月均气温25～29℃，无霜期280天，年降雨量1200mm的环境中。在海拔1200～2400m的山地阳坡生长良好。在1000m以下山区，生长发育缓慢，植株寿命缩短；在夏季炎热的丘陵、平原上，植株矮小，两年即会死亡。在萌发期若土壤干旱缺水，种子多不发芽；生长期缺水，植株易萎蔫死亡。日照时间长的阳坡有利生长，阴山坡植株生长不良。忌连作。阳山产品根条粗、滋润、质量好。

（二）种子萌发特性

在海拔1500m左右，生长3～4年植株的川牛膝成熟种子，播后10～15天即可出苗，且发芽率高，种子寿命为1年，播后第一年为营养生长，第二年为生殖生长。夏季为旺盛生长期，并同时长根，秋末冬初进入冬季休眠期。

刘千等参照《农作物种子检验规程》，初步建立了川牛膝种子质量检验方法：即最少扦样量8g；过20目筛后进行净度分析；真实性检验采用形态观察和种子大小测量；健康度检测则直接将种子接种于PDA培养基上，28℃培养5天后观察统计；五百粒法测定千粒重；高恒温（133 ± 2）℃烘干时间3小时测定水分；0.1% TTC溶液浸染3小时测定生活力；种子置褶裥纸上25℃计数，2～9天进行发芽试验。张国珍对川牛膝种子开展室温常规贮藏、室温湿沙贮藏、室温超干燥贮藏、4℃低温贮藏、冷冻贮藏5种贮藏试验。结果表明：①室温湿沙贮藏是川牛膝种子短期保存的最优方法，能显著提高种子发芽率，其值较常规保存高14.5%；其次为4℃低温贮藏。②冷冻贮藏是川牛膝种子长期保存的最佳方法，保存3年后当其他保存方式的种子寿命几乎丧失时，其生活力及发芽率仍保持在较高水平，分别为60.3%和49.9%；其次为超干燥贮藏，种子生活力和发芽率分别为51.3%和41.2%。邵金凤等对所搜集的48份不同产地川牛膝种子进行发芽率、千粒重、生活力、净度和含水量等指标的测定，通过聚类分析，制定了川牛膝的分级标准。结果表明，川牛膝种子质量等级可以分为3个，其中发芽率和千粒重作为分级的主要指标，生活力次之，净度和含水量是质量分级的参考指

标。其中，川牛膝一级种子发芽率≥70%、千粒重≥2.64g；二级种子发芽率≥55%、千粒重≥2.37g；三级种子发芽率≥40%、千粒重≥2.20g。

陈翠平等对川牛膝种子生物学特性及萌发特性的初步研究表明，川牛膝种子的最佳萌发条件为：温度25℃、水分70%、光照培养；将种子用7.5mg/L IAA处理后萌发最快，发芽率最高，发芽高峰期较为集中；进一步表明，通过对川牛膝种子的含水量、生活力、重量及健康度等的测定，能为川牛膝种子的质量控制及萌发条件选择提供有效地依据，可初步制定种子的质量标准。黎万寿等研究表明，选用籽粒饱满、三年生以上的川牛膝所结种子播种较好。范巧佳等对多种影响川牛膝种子萌发生长的因素进行研究。结果表明：不同品种类型、生长年限、贮藏年限、剥壳处理以及温度条件等对川牛膝种子的发芽能力有显著影响，脱粒与不脱粒保存对发芽率无显著影响；川牛膝种子发芽的适宜温度为20℃，红牛膝种子的发芽能力和耐寒能力较白牛膝强，剥壳可以提高发芽能力，陈种子发芽能力较新种子发芽能力低。刘千等研究了温度对川牛膝种子发芽的影响。结果表明：褶裥纸、25℃和不作前处理为最适宜的发芽条件；第2天和第9天分别为初末次计数时间；浓度1%的TTC溶液染色3小时为最佳生活力测定方法。川牛膝种子质量的优良关系到川牛膝的产量和质量。叶冰等研究了前处理方法对川牛膝种子发芽的影响。结果表明：低温贮藏并在播种前进行手搓的机械处理方法，能有效提高川牛膝种子发芽率。

（三）生长发育特性

川牛膝为多年生草本，一般在播后3～4年的10～11月采收。在海拔1500m左右，生长3～4年植株的川牛膝成熟种子，播后10～15天即可出苗，且发芽率高，播后第一年为营养生长，第二年为生殖生长。夏季为旺盛生长期，并同时长根，秋末冬初进入冬季休眠期。各生育期有明显的重叠现象。每年的生长发育期可分为以下五个时期。

（1）苗期　每年12月底至次年3月，川牛膝发叶、发根，为苗期。

（2）旺盛生长期　4～5月，川牛膝茎发生并迅速生长。

（3）花期　6～7月，川牛膝开花并结实。

（4）果期　8～9月，川牛膝种子生长及成熟期。

（5）收获期　10～11月，川牛膝茎叶逐渐枯黄、凋落，处于越冬阶段。

（四）川牛膝干物质积累与氮、磷、钾营养吸收特性

1. 川牛膝干物质积累特性

邵金凤等研究表明，川牛膝在不同生长发育时期对氮、磷、钾的吸收量不同。川牛膝植株干物质的积累量随着生育进程而逐渐增加，在营养生长期（苗期和旺盛生长期），川牛膝各部位的干物质量和积累量均较大。进入生殖生长阶段时（花期和果期），川牛膝各部位的干物质量的增长速度开始下降，积累率也从开花后期开始降低。收获期时，川牛膝各部位的干物质阶

段积累率降到最低，但是此时的干物质量是最大的。各个生育期相比，川牛膝旺盛生长时期也是其干物质积累最多的时期，其次为开花期，前期营养生长阶段（苗期）的生长量较少，种子成长期和收获期的干物质积累率总和在15%左右。

2. 川牛膝氮吸收特性

邵金凤等研究还表明，苗期川牛膝植株矮小，对氮的积累吸收较为缓慢；随着生长到达旺盛期，氮积累量快速上升，对于川牛膝地上部分，此时即为氮积累量的最高峰；当川牛膝植株开始开花时，其地上部分氮积累量开始下降，而地下部分此时的氮积累量逐渐升高；直到川牛膝生长后期，地上部分的氮积累量持续下降，地下部分的氮积累量也呈现了一定程度的降低。这说明在川牛膝生殖生长初期氮肥充足，有可能会提高川牛膝的产量。

3. 川牛膝磷吸收特性

苗期，川牛膝磷积累量最低；随着川牛膝的生长，地上部分和地下部分的磷积累量都持续升高。这说明川牛膝生长后期磷肥充足可能有利于其产量的提高。

4. 川牛膝钾吸收特性

在川牛膝生长初期，川牛膝对钾的积累量最低，随着川牛膝的营养生长，钾积累量不断增加，直到开花期或收获期，地上和地下部分的钾积累量达

到最高。这表明川牛膝生殖生长期间对钾肥的吸收较大，此时钾肥充足可能与产量的提高有关。

5. 不同生育期川牛膝根的发育变化

刘维等研究表明，川牛膝根初生结构由表皮、皮层和维管柱构成，随着年限的增加，初生木质部和初生韧皮部之间的薄壁细胞恢复分生能力，从而形成维管形成层环，向内形成次生木质部，向外形成次生韧皮部。正常维管束形成不久，形成层往往失去分生能力，相当于中柱鞘部位的薄壁细胞转化为形成层，向外分裂产生一圈无限外韧型维管束，其中不断产生的形成层环仅有最外一层保持分生能力，而内侧各同心性形成层环于三生维管束形成后即停止活动。由于维管形成层的活动，根不断加粗，外部的表皮及部分皮层因不能适应维管柱加粗而遭到破坏。与此同时，根的中柱鞘细胞恢复分生能力形成木栓形成层，向外分生木栓层，向内分生栓内层。研究还表明，川牛膝根的加粗主要与三生维管束形成有关，川牛膝不同生长期相应部位上产生的三生维管束轮数不同。随着根生长时间的延长，其三生维管束轮数、个数均在3年达到高峰。三年生川牛膝三生维管束通常可达4～8轮，每轮有30～60个三生维管束。远高于一年生川牛膝。但从木栓层与栓内层来看，木栓层是由木栓形成层向外分裂产生的细胞构成的，细胞呈砖形，排列整齐、紧密，细胞壁栓质化，成熟后死亡。细胞腔内充满空气，有的还含有单宁、树脂等物质，因此木栓层不透水、

不透气，并富弹性。杂牛膝木栓层较川牛膝和麻牛膝更厚，一般由5～10列细胞组成，且木化程度较高。杂牛膝的栓内层最宽，约占根半径的1/3。也就是说杂牛膝较其他2种牛膝具有更好的耐受性和抗自然灾害的能力。

郭庆梅等研究表明，川牛膝根的厚壁结合组织，随根的生长发育过程同步增多。同一生长期的同一根中，越靠近根上部，厚壁结合组织分化愈多；同一根的同一部位，外圈的三生维管束中厚壁结合组织比相邻内圈多；第四圈及其以外的同圈相邻三生维管束径向面部位均被厚壁结合组织所占据，三生维管束几乎连成环。播种90天的根上部，同圈相邻的三生维管束径向均被厚壁结合组织连成环状的就有4圈。川牛膝根中三生维管束圈数随着个体发育的过程而增多，但有一个相对稳定期；川牛膝根增粗高速期与三生维管束圈数最高值时间相一致。

三、地理分布

（一）资源分布

川牛膝喜冷凉、湿润气候，其最适条件为：年平均气温15℃左右，1月平均气温3～8℃，7月平均气温25～29℃，生长期需10℃上的积温4000℃以上；年降雨量1200mm，年平均相对湿度在80%～90%，海拔1200～2400m的山地阳坡。川牛膝主要分布于北纬27°07′～31°53′、东经102°59′～111°41′、年平均气温7～18℃、年降水量1000mm以上、海拔500～2600m间的亚热带和中亚热带季风性湿润气候区，主要生长于山坡、路边及林缘荒地草丛中。据文献报道及查阅各地方志，川牛膝在四川、重庆、云南、贵州、甘肃、湖北、湖南、江西、浙江、河南等海拔1800～2400m地区有分布。其中四川雅安天全川牛膝栽培历史悠久，故又将川牛膝叫做天全牛膝，为川牛膝道地产区。

川牛膝野生资源主要分布于四川乐山金口河地区，雅安宝兴、天全等地。栽培资源主要分布于天全、峨眉、峨边、叙永、珙县、古蔺、屏山、长宁、兴文、高县、筠连、宜宾、纳溪、泸定、宝兴等县市。

（二）产地变迁

牛膝始载于《神农本草经》，但未见川牛膝、怀牛膝之分。“川牛膝”药名出现的时间追溯到唐代，首载文献是唐·蔺道人《仙授理伤续断秘方》。川牛膝药材的产地记载始于明代《药品化义》：“去取川产而肥润根长者佳，去芦根用”。《神农本草经疏》：“怀庆产者，补益功多，四川产者，下行祛湿”；《本草纲目》：“牛膝处处有之，惟北土及川中人家栽莳者为良”；《本草备要》：“出西川及怀庆府，长大肥润者良”。

川牛膝为著名川产道地药材之一，《中国药典》2015年版收录，临床用于治疗血滞经闭、风湿痹痛、跌打损伤等。川牛膝传统的道地产区为四川雅安天全，但目前川牛膝主产区逐步变更为四川乐山金口河区和雅安宝兴。近几年重庆市奉节、巫山以及湖北恩施等地的川牛膝种植逐步形成规模，产量逐步增大。天全县作为传统的、公认的川牛膝道地产区，由于受到人为因素及经济效益的较大影响，其种植面积大幅减少，传统的种植地已无川牛膝种植。乐山金口河地区种植的川牛膝通过人工筛选、除杂，其品种纯正、品质较优，已逐步替代传统的道地产区，被认为是目前川牛膝较优产地。造成其产地变迁的原因如下。

1. 自然环境因素

自然环境因素包括气候、降水、土壤、有效积温等因素，与道地药材生长发育、药效和品质密切相关。因此，自然条件的改变会造成道地药材质量下降，道地产区发生改变。

现川牛膝主产区为四川雅安宝兴、乐山金口河，重庆奉节、巫山以及湖北恩施等。从地理位置分析可知川牛膝的主产地为四川盆地及盆地周边的重庆、湖北等地区。

根据分析可知，川牛膝喜冷凉、湿润气候，分布在东经102.59°～111.41°，北纬27.14°～30.16°的亚热带、中亚热带季风性湿润气候区，生长海拔在1200～2500m光照充足、雨量充沛的高山上。其主产区的全年平均气温在11～19℃，年平均日照在1000小时以上，年相对湿度在69%以上，年降水量在1000mm以上，年蒸发量小于1250mm，年平均积温在3500℃以上。

川牛膝传统的主产区天全县其气候类型为亚热带季风气候，分布于海拔1500～2200m，年平均日照为1060.2小时，年降水量及年蒸发量分别为1671.7mm和922.6mm，土壤类型以黄壤为主。川牛膝目前的主产区四川金口河、宝兴，气候类型为亚热带季风气候，分布于海拔1800～2400m，年平均日照为1053～1327小时，年降水量1045～1350mm，年蒸发量为390.0～460.0mm，土壤类型以黄壤、棕壤为主。逐步发展成规模的产区重庆兴隆、湖北恩施等地气候类型为亚热带、中亚热带湿润季风气候，分布于海拔1400～2123m，年平均日照为1150.0～1639.1小时，年降水量1049.3～1600.0mm，年蒸发量分别为820mm和1280mm，土壤以黄棕壤和棕壤为主。

从川牛膝产地生态环境因子比较分析发现，目前川牛膝的主要产区四川金口河、雅安宝兴等地同传统的道地产区天全县相比，所考察的环境因子气候、土壤、海拔等均比较接近。因此自然环境因素对川牛膝产地改变的影响较小，不是其产地变化的主导因素。

2. 人工种植干预

人为因素在道地药材形成中起着重要作用。随着道地药材的市场需求增加，道地产区人工栽培面积不断扩大，长期的人工栽培导致土地饥荒，产区药材质量下降，道地产区便会随之发生变迁。另外产区人为引种现象严重，导致产地种质混杂，药材质量下降，其他地方进行引种后，由于产地环境适宜，质量佳的药材新产区会随之产生。

《中国药典》（2015年版）一部规定川牛膝药材来源为苋科杯苋属多年生草本植物川牛膝*Cyathula officinalis* Kuan的干燥根。但临床用药及市场销售的川牛膝除正品外混杂有杂牛膝（川牛膝与头花杯苋的自然杂交种。花序球较大，干时近灰黑色，根下部多分支，木心较硬，味苦、麻，主要分布在四川省雅安地区）、麻牛膝（为杯苋属植物头花杯苋*Cyathula capitata* Mop.。花序球大而稍长，干时灰褐色，根粗大，多木质化，味极苦、麻，主要分布在金沙江流域的凉山州、攀枝花、云南宝山和腾冲等地区）及盐边牛膝（亦认为是川牛膝与头花杯苋的自然杂交种，无明显主根，近须根状，不能药用）。

调查发现，不同产区都曾有过大规模引种，受市场经济影响，川牛膝市价高的年份，一些产区农户的种植积极性就被充分调动起来，就出现了不同产区的引种情况。天全县在1976年为了扩大种植规模，从西昌调进了一大批种子，种植后发现引种的为同属植物麻牛膝。受自然杂交影响，出现大量杂牛膝。后来宝兴、乐山金口河地区均从天全引种，导致川牛膝品种极为混乱。乐山金口河经过多年人工筛选，逐步筛选出纯种川牛膝。现今宝兴等地都从乐山金口河引种，纯种川牛膝种植初具规模。川牛膝道地产区由传统的天全县变迁为现今的乐山市金口河地区，人为因素的影响发挥关键作用。

3. 经济效益驱动

道地药材产地变迁还与药材经济效益息息相关，道地产区药材的种植量、产量直接影响药材的市场销售，当市场需求大于产地产量，药材的经济效益会不断攀升。

结合各大药材市场实地调查与《全国中药材购销指南》信息查询，调查了1992—2013年川牛膝的销售情况，发现川牛膝价格1992—1996年收购价保持在每千克2.3～4.5元，因该品种价格低廉，药农积极性低，种植面积不大，未受重视。1997年受市场需求和产地货少的影响，价格暴涨至每千克14元。高价刺激种植，药农纷纷扩种，1998年产新货源大增，市价跌至每千克4.0元。1999—2008年川牛膝价格在每千克2.5～8.0元波动。由于较低的价格使种植面积缩减，市场货源减少，2009年后市价走好，12月升至每千克10元。2010年价格升至每千克13元，2011—2012年价格有所回落，维持在每千克10元左右，2013—2014年价格维持在每千克13元左右。

根据实地调查，天全等传统川牛膝主产地现已经没有规模化种植，川牛膝基本为半野生状态，分析其原因主要受市场经济影响。首先，川牛膝为多年生草本植物，一般要3年以上方可药用，因为经济周期长，药农大多喜欢种植一年生药用植物或果树；其次当地农民大多外出务工，农村劳动力不足，川牛膝采收时劳动成本比一般经济作物和药用植物要高，因此产地逐渐被山葵、云木

香等其他药用植物或经济作物代替；最后，川牛膝的花为异花授粉，产地存在基原混杂的现象，道地药材质量严重下降，市场经济价值逐步降低。

四、生态适宜分布区域与适宜种植区域

（一）川牛膝生态适宜分布区域

1. 适宜区

在盆地边缘山区，以雅安周围为川牛膝的适宜区，地处盆地边缘山区的西缘亚区，属中亚热温润气候，绵雨多，夜雨多，尤以雅安、天全为甚，有“雨城”“天漏”之称。山地多灰棕壤，丘陵平坝为黄壤及紫色土。分布于天全县的两路、大河等乡，及金河、黄安、永胜等乡；宝兴的陇东、城关等；荥经县的新建、石津等乡；芦山的大平、双面、中林等乡，峨边的大堡、毛坪等乡；峨眉的龙池、金合、毛龙等乡，洪雅的高庙、张村等乡，其次川西南山地河谷区石棉、汉源、甘洛、越西、盐边、喜德、冕宁、德昌亦有野生、家种。

2. 最适宜区

以雅安天全为最适宜区。该地区位于四川盆地西缘亚区，属中亚热带湿润气候区，年均气温15℃，年降水量1725.6mm，土层深厚，富含有机物质，光照充足，为自古以来川牛膝道地产区。栽培的川牛膝品质优良，素有“天全牛膝”之美誉。

（二）川牛膝适宜种植区域

川牛膝虽然在全国多地区有分布，但并不是所有分布地区都能形成商品，根据大量的文献查阅、中药材专业网络平台的数据收集及各产区的调查综合分析结果看来，目前能形成川牛膝商品的主要产区有四川、重庆和湖南、湖北产区。

1. 四川产区

四川川牛膝主要有两大产区，即雅安地区（天全地区和宝兴地区）和乐山金口河地区；栽培面积约2000hm^2，总产量约3000吨。

（1）雅安地区　为国内川牛膝的最大产区，种植面积1300hm^{2}以上，年产量2500吨左右。其中，以宝兴产量最大，占整个雅安川牛膝的70%以上，但栽培的川牛膝多为川牛膝与麻牛膝杂交类群的“红牛膝”，产量占整个川牛膝的80%左右。宝兴地区由于从金口河引种，纯种川牛膝基地逐步建成，但部分仍种植杂牛膝和麻牛膝，导致产区品种存在混杂。天全县为川牛膝传统主产区，经调查原来的川牛膝主产地新沟、紫石、两路等地已无川牛膝栽培，目前仅在思经乡小沟村还有小面积的种植。该地区由于长期种植川牛膝导致土地贫乏，产量不高，质量欠佳。另外，该产区品种混杂较为严重，以麻牛膝和杂牛膝为主，还发现一种盐边牛膝。

（2）乐山金口河区　为四川省川牛膝的第二大产区，种植面积为

466.67～533.33hm^2，年产川牛膝400～500吨。川牛膝栽培品种最纯，基本为川牛膝（又称白牛膝、甜牛膝），当地农户在发现麻牛膝之初就进行人工去除，因此麻牛膝较少见，可见少数杂牛膝（川牛膝与头花杯苋的自然杂交种）。据调查，历史上金口河川牛膝种植面积最大，产量最高达到600～700吨。近年由于受价格等因素影响，种植面积开始有所减少，药农开始寻找其他品种替代。当地所产川牛膝品种较单一，仅出现有少量麻牛膝（“盐边牛膝”）混杂群体，栽培方式主要以播种疏苗的方式为主，3年后开始采收。峨边县大瓦山一带曾种植过川牛膝，但调查未发现有种植，以往的产区已移至金口河区。峨眉山市有少量半野生种，但未形成商品。

（3）西昌和攀枝花地区　20世纪60～70年代曾大量种植川牛膝，但实地调查未发现种植，目前仅攀枝花延边有零星麻牛膝分布；同时凉山州会东县发现有少量半野生状麻牛膝栽种，年产量仅数十吨；西昌各县已未见川牛膝种植。

（4）绵阳地区　安县有少量种植，年产川牛膝50吨左右；北川仅发现半野生种，未形成商品。

2. 重庆地区

重庆地区川牛膝种植主要在巫溪兰英乡、大庙红椿乡、奉节兴隆镇等地，川牛膝是1965年引种于天全。通过实地调查发现，重庆地区川牛膝品种单一，产量高，种植已逐步形成规模，目前产量较大，已逐步发展成为川牛膝的新产区，是当地中药产业发展的主流品种之一。大庙红椿乡、兴隆茅草坝等地川牛膝种植规模大，巫溪兰英乡种植规模较前两者小。

3. 湖北地区

湖北地区川牛膝种植主要在湖北恩施板桥镇和椿木营乡。板桥镇与重庆兴隆镇在地理位置上相近，其气候、土壤等生态环境相似，适宜川牛膝种植。湖北椿木营地区川牛膝种植初具规模。

4. 湖南地区

湖南地区川牛膝种植主要在隆回县和龙山县，年总产量约300吨，历史最高产量约600吨。龙山县的川牛膝为近几年从湖北板桥引种而来，而隆回县是20世纪70年代从四川雅安引种而来。实际调查发现，湖南隆回县川牛膝种植主要在小沙江镇，但由于川牛膝价格波动，目前小沙江镇的川牛膝种植面积减少，改为种植金银花或厚朴等其他药材。

5. 其他产区

其他能形成商品的产区如云南、贵州等，由于川牛膝价格持续走低，药农种植面积大量减少，为川牛膝商品的非主流来源地。

第3章

川牛膝栽培技术

川牛膝为多年生草本，高50～100cm，常生育山坡林下，喜向阳温暖湿润环境，花期6～7月，果期8～9月，采用种子进行繁殖。

一、术语及定义

1. 原种

原种是指新育成的经过审定合格的新品种种子或推广品种经过提纯复壮后达到原种质量标准的种子。

2. 净度

种子重量占样品重量的百分率。

3. 废种子

包括空瘪种子、病种子、腐烂种子。

4. 农家肥

农家肥是指在川牛膝主要生产区收集的大量生物物质、种植物残体、排泄物、生物废弃物等经无公害处理后制备使用的各种肥料。

二、川牛膝种子繁育技术

1. 种子采集

栽培上所用种子为其胞果。在10月果实充分成熟时采摘。采后晾干，搓出种子筛选贮藏备用。种子发芽力因生长年限而各异，三至四年生植株结的种子最好，当年所结的种子常不能发芽，隔年陈种不宜作种。

2. 播种时间

播种分春播和秋播。春播在4月前后，由于海拔高度不同，播种时间有所差异，海拔低的可以稍早，以在雪后早播为宜；秋播为8月前后。主产区一般采取高山春播、低山秋播的办法，出苗率高，缺窝少。

三、栽培技术

（一）选地与整地

选向阳、排水通畅、土层深厚、富含腐殖质的微黏性壤土栽培为宜，以向阳缓坡最佳。9～10月下雪前深翻土地，深度最好在30cm以上，翻后休耕冻土；翌年清明前后，再翻1次，拣去石块和草根，整细耙平，作1.3m左右的高畦。

（二）播种方法

化雪后即开始播种。播种前要深翻土地，施足底肥。平地开1.2m宽的高厢，坡地可不开厢。按行距30cm左右，窝距22～25cm，深3～6cm开窝，窝地要平。每亩用种量500～750g，拌成种子灰，撒到窝里。

（三）田间管理

（1）间苗　播种当年的第一次在5月中下旬，直接浅锄或用手扯，并结合匀苗、补苗，每窝留苗4～6株；第二次在6月中下旬，中耕前，再匀苗1次，每窝定苗2～3株，间去的苗，可移植他处或者用来补苗。

（2）中耕除草　5月中下旬幼苗高3cm左右，行间与窝间用锄浅松，植株间杂草须用手拔除。6月中下旬苗高10cm左右、8月上旬苗高35cm左右时各中耕除草一次。第二年中耕除草次数与第一年相同。第三年因要收获，除草1～2次。

（3）施肥培土　每年结合中耕，追肥3次。第一、二次在中耕后，施用人畜粪水；第三次在中耕前，施用人畜粪水和草木灰，并进行培土防冻。培土厚度以使根头幼芽埋入土里约7cm为宜。如不培土，根头易被冻坏，造成缺窝减产。

（四）病虫害防治

川牛膝生长过程中的病虫害主要有发生在叶部的白锈病，根部的根腐病和根线虫病。病虫害的发生极大地影响川牛膝次生代谢产物的积累和药材的产量，导致药材质量不可控。对病虫害的防治应采取预防为主，综合防治的方针。

1. 川牛膝主要病害及其防治措施

（1）白锈病　病因病状：白锈病［*Albugo achyranthis*（P. henn.）Miyabe］为真菌病害，病原菌属于鞭毛菌亚门的霜霉目，主要危害部位为植株地上部分叶片。症状为病叶正面显示淡黄绿色斑点，背面为白色凸起状孢斑，直径1～2mm，表皮破裂后散出白色有光泽黏滑性粉状物，孢斑成熟后破裂撒出白

色粉末状孢子，病情传播迅速，故称白锈病；发生在叶柄幼芽等部位上，产生淡黄色斑点，后成白色孢斑，患病的植物茎秆往往肿大扭曲。在药材采收后，病菌卵孢子随病残体落入土中，第二年出苗后卵孢子继续萌发再次入侵。感染白锈病后，叶片迅速枯萎，光合作用减少，次生代谢产物积累受限，造成严重的经济损失。白锈病通常在低温高湿条件下病害加重。

主要防治措施：①实行轮作，轮作期限宜3年以上；②深耕和清除病残组织，采收后，清除残留病叶、植株，集中烧毁；③降雨多时，开沟排水降低田间湿度；④化学防治，染病初期（从3月上旬）使用药剂防治，如65%代森锌500倍液、0.8%波尔多液、50%托布津1000倍液、40%乙磷铝200～300倍液、50%甲基托布津800～1000倍液、甲霜灵等，每7天用药1次，发病期间用药 2～3 次。

（2）根腐病　病因病状：根腐病病原菌（*Fusarium* sp.）为半知菌亚门丛梗孢目瘤座孢科镰刀菌属真菌，主要危害部位为根。被感染后侧根变褐腐烂，后逐渐扩展至主根，主根的皮层、维管束依次被迫害，根部失去运输能力，叶片受到影响后停止生长，最后枯死，极大的影响药材质量和产量。

主要防治措施：①与禾本科植物轮作；②除去病残体；③化学防治：植株染病后采用50%甲基托布津1000倍液浇灌病穴和周围健康植株，防止蔓延。

（3）叶斑病　病因病状：叶斑病可由真菌、细菌、线虫引起。病原物以真菌为主，如尾孢属（*Cercospora*）、长蠕孢属（*Helminthosporium*）、壳针孢属（*Septoria*）、叶点霉（*Phyllosticta*）、链格孢属（*Alternaria*）等；此外，黄单胞菌属（*Xanthomonas*）和假单胞菌属（*Pseudomonas*）的细菌也可引起叶斑病。有些病原物存在不同的生理小种。叶片染病初期，在叶面上产生许多水渍状暗绿色圆形至多角形小斑点，逐渐扩大，在叶脉间形成褐色至黑褐色多角形斑；叶柄染病初期出现黑色短条斑，稍凹陷，叶柄干枯卷缩。

主要防治措施：①去除病叶，以减少病菌源；②采用高畦栽培，严禁大水漫灌，减少水流传染；③化学防治，用50%甲基托布津可湿性粉剂1000倍液或硫酸亚铁500倍液喷雾防治，隔10天左右用药1次，连续防治2～3次。

（4）黑头病　病因病状：多发生于春夏季，主要是根头盖土太薄，冬季受冻害，引起发黑霉烂。

主要防治措施：注意排水防涝，冬季培土。

2. 川牛膝主要虫害及其防治措施

（1）线虫病　病因病状：根线虫病的主要危害部位为根，雌性幼虫侵入根内部，刺激形成凹凸不平的瘤状物，幼虫在瘤内危害，多发生在低海拔地区。拔起病株，主根及支根上残留许多瘤状物，即虫瘿，挑开后可见白色小点，即为线虫。根被迫害后植株生长不良，品质下降甚至不能药用。

主要防治措施：①与禾谷类轮作；②注意选土；③化学防治，每公顷10%

益舒宝颗粒剂60～120kg，播种前1周撒播于沟内，覆土后播种，每亩用滴滴涕35～45kg处理土壤。

（2）大猿叶虫　病因病状：5～6月发生，将叶咬食成小孔。

防治方法：用敌百虫1000倍液喷杀。

（3）毛虫、红蜘蛛　病因病状：5～6月为害叶片。

防治方法：可用40%乐果乳油800～1500倍液喷杀。

（4）银纹夜蛾　病因病状：是一种杂食性害虫，如果防治不及时，嫩芽、嫩叶、花蕾常常被取食，造成植株叶卷枯萎。

防治方法：根据被害状或虫粪，利用早晚或阴天进行人工捕捉，幼虫一般位于叶片表面或嫩芽顶端，很容易发现，且不活跃，此法在劳力充足的情况下非常有效。药剂防治可在幼虫期喷洒90%敌百虫800～1000倍液或用50%辛硫磷1000倍喷雾，每5天喷施1次，喷施3次方可治愈。

四、采收与产地加工技术

（一）采收时间

在播种后3～4年的秋、冬二季采挖。

（二）采收与加工

深挖后，抖去泥土，将芦头去掉，剪去须根，用刀削下侧根，使主根、侧根均成单支。按照根条大小，理顺扎成把，立即烘干或者晒干，至含水量低于15%后，至阴凉干燥处贮藏。

1. 炕床烘干法

将鲜川牛膝，平铺在炕床上，外用鼓风机向炕床下吹入带无烟煤燃烧的热风，上下翻动。烘炕过程严格控制炕床上的温度，药材处温度65℃。间隔2小时抽样，至含水量低于16%后，堆放数日，再置炕床上65℃烘干至含水量低于14%，即可包装贮藏。

2. 自然晾晒

将鲜川牛膝平铺在竹席上或混凝土地上，日晒，遇阴雨天铺于室内通风干燥处。晾晒过程中注意上下翻动，以便尽快干燥，防止生霉，晒干后，包装贮藏。

3. 其他加工方法

远红外干燥法：将鲜川牛膝日晒1～2天后，置红外线干燥箱内，调节温度50～55℃。烘烤过程中注意时常上下翻动及干燥箱内上下的互换，使受热均匀，干后及时取出，再置干燥箱中，至干透，取出，包装贮藏。

五、炮制

川牛膝净制始载于唐代《仙授理伤续断秘方》“去芦”，同时唐代还有酒浸焙干的方法,《仙授理伤续断秘方》:“以酒浸一日夜，焙干方用”，取川牛膝片，加黄酒拌匀，闷润至透，置锅内用文火炒干，取出放凉。川牛膝每100kg，用黄酒10kg。宋代有酒浸蒸的方法,《太平惠民和剂局方》:“先洗去芦头，锉碎。若急切，用酒浸蒸过使”，即取原药材，除去杂质及芦头，洗净，用黄酒润透，切薄片，蒸制而成。元代有酒洗的方法,《活幼心书》:“酒洗”。明清时期增加了茶水浸、童便浸与何首乌同蒸等炮制方法,《证治准绳》:“川牛膝八两，以何首乌（赤百雌雄各一斤）先用米泔水浸一日夜，以竹刀刮去粗皮，切作大片，用黑豆铺甑中一层，铺何首乌一层，再铺豆一层，铺川牛膝一层，又豆一层，重重相间，面上铺豆覆之，以豆熟为度，去豆晒干，次日如前用生豆再蒸，如此蒸七次，晒七次，去豆用。”《景岳全书》:“川牛膝半斤，净，用黑豆二升同何首乌半斤层层拌铺甑内，蒸极熟取出，去豆。”《本草述》:“川牛膝与何首乌同蒸各二两。”取川牛膝与何首乌片，加黄酒拌匀，闷润至透。《中国药典》2015年版收载的川牛膝炮制方法有酒炙法，取川牛膝片，加黄酒拌匀，闷润至透，置锅内，用文火加热，炒干，取出放凉。每川牛膝片100kg，用黄酒10kg，酒炙川牛膝表面棕黑色，微有酒气，微甜。《中药炮制学》中川牛膝项下收载有酒炙和盐炙两种炮制方法，均以文火加热，炒干为限。黎万寿等人采用正交试验考察了黄酒量、炒制温度及炒制时间对酒炙川牛膝中活性成分的影响，最终确定川牛膝酒炙的最佳条件为药材加10%倍量黄酒，130℃炒制15分

钟。盐炙川牛膝方法：将盐溶解在适量水中，均匀喷洒在药材上，充分闷润至盐水被吸尽，文火加热直至炒干。黎万寿等人通过正交试验确定了使用2%倍量盐水，150℃炒制15分钟，川牛膝炮制品符合相关规定。

综合以上古文献及现代文献考证，川牛膝的炮制方法多为净制和酒制、盐制。产地加工依干燥方式不同，可分为晒干，炕干两种。饮片加工过程，历代炮制加工方法各有发展，自唐代起，先后有酒炙、茶水浸、童便浸与何首乌同蒸、盐炙等炮制方法，现行主要有酒炙、盐炙方法。

六、包装贮藏

1. 包装

包装材料多使用干燥、洁净的聚乙烯塑料袋、麻袋、尼龙袋等，以聚乙烯塑料袋包装最好。

2. 贮藏

应贮存在清洁、干燥、无污染的仓库中。应注意防潮、防霉、防虫蛀及泛油。

第4章

川牛膝特色适宜技术

川牛膝为多年生草本，在全国多地区有分布，目前川牛膝主要栽培产区为四川、重庆和湖南、湖北。在多年的栽培过程，专家学者对川牛膝的栽培技术进行了研究，总结出了一系列川牛膝特色技术。

一、川牛膝种子选择、保存及萌发技术

1. 种子选择

川牛膝采用种子繁殖，多以药农自行留种为主。由于药农缺乏相关的知识导致了川牛膝种子成熟度不一。川牛膝种子的成熟度与发芽率、生活力密切相关，川牛膝成熟种子饱满，外表为棕色，带红色光泽，发芽率及生活力明显高于未完全成熟的种子。不同产地的生长物候条件对种子的质量也有一定影响，但是对发芽率没有造成显著的影响。种子千粒重小于2.20g、净度低于60%、生活力低于70%的种子为不合格种子，不能用于栽种。

颜旭对13个不同川牛膝品系在苗期进行低温胁迫处理，研究低温胁迫对川牛膝生长发育和生理特性的影响。采用综合评价进行抗寒性评价，初步筛选出强抗寒品系、中度抗寒品系、不抗寒品系3种类型，并研究了低温对川牛膝不同抗寒品系光合生理特性、植物激素水平、抗逆生理特征的影响；试验结果显示低温胁迫降低了干物质的积累，不同品系川牛膝干物质累积量受低温影响不同；筛选出BXR1、BXW1、HYW1具有较强的抗寒性，这三个品系分别来自

于宝兴崇兴村、宝兴、汉源的高寒地区；揭示其机制可能为低温胁迫诱导了强抗寒川牛膝的蛋白质表达，进而增强保护性酶活性和调节代谢增减渗透调节物质，增强抗寒品系的抗寒性。

2. 种子保存技术

文献考察了川牛膝种子在室温常规贮藏、室温湿沙贮藏、室温超干燥贮藏、4℃低温贮藏、冷冻贮藏条件下种子的发芽率。结果表明：川牛膝种子短期保存的最佳方法是室温湿沙贮藏，长期保存的最佳方法是冷冻贮藏。种子在5种条件下，含水量随着贮存时间的延长增加，在一定时间后达到一个稳定值。湿沙贮藏在存放6个月后含水量最高，此时种子达到正常萌发生理期而萌发。室温贮藏1年后种子生活力显著下降，3年后失去活力；冷冻贮藏在存放3年以后生活力才开始显著下降。保存6个月时，湿沙保存和低温贮藏的川牛膝种子发芽率显著高于其他3种贮藏方式。川牛膝含水量在4.78%～6.55%时，种子的活力及抗老化能力较强。因此，在低温长时间保存时，应将含水量降至5.70% ± 1%。

3. 种子萌发技术

川牛膝一般生长在海拔1500～2500m的地区。随着海拔的降低，川牛膝发芽率也逐渐降低。通过对川牛膝种子的萌发特性的研究，发现影响种子萌发因素水分＞温度＞光照。在适宜产区，种子萌发最佳条件为：水分70%，温度

25℃，光照培养。在低海拔区域，采用适宜浓度吲哚乙酸浸泡可显著提高种子的发芽率。在不同温度条件下，用不同浓度的赤霉素、吲哚乙酸、萘乙酸处理种子，得出最适宜川牛膝种子萌发的条件为：水分80%，温度25℃，光照培养，以7.5mg/L吲哚乙酸处理的出芽率最高。

二、川牛膝组织培养技术

组织培养又叫离体培养，指从植物体分离出符合需要的组织，通过无菌操作，在人工控制条件下进行培养以获得再生的完整植株技术，也指在培养过程中从各器官上产生愈伤组织的培养，愈伤组织经过再分化形成再生植物。组织培养能解决品种退化和种苗规模化生产，以保证川牛膝的质量及扩大化生产。

川牛膝组织培养是从无菌实生苗上截取腋芽和茎尖。选取饱满的种子，流水冲洗30分钟，洗衣粉浸洗4～5分钟，清水清洗后，用75%乙醇浸润1～2分钟，无菌水清洗3次，0.1%$HgCl_2$消毒15～20分钟，无菌水再清洗5次，接种在培养基（蔗糖2%，琼脂0.8%，pH5.8）上，并添加不同种类、浓度的激素，置光照培养箱培养（25℃，1500 lx光照10小时，18℃黑暗14小时）。刘坚等人通过不同培养基培养实验，得出7种培养基均可发生丛生芽，诱导率达75%～100%，不定芽发生数量以培养基中加D（NAA：6-BA=1：2.5；NAA 0.4mg/L；6-BA 1mg/L）、E（NAA：6-BA=1：10；NAA 0.1mg/L；6-BA 1mg/L），效果更好；不定芽生长情况以添加F（NAA：6-BA=1：5；NAA 0.2mg/L；6-BA 1mg/L）、G（NAA：6-BA=1：5；NAA 0.1mg/L；6-BA 0.5mg/L）较好。川牛膝种子建立无菌苗，经过诱导再生植物，为川牛膝的快速繁育提供了途径。

三、川牛膝–黄连轮作技术

川牛膝为四川的道地药材，野生资源较少，大多来源于人工栽培。川牛膝在种植区一般要休耕一个生长周期再继续种植，忌连作，连作会导致药材品质下降，产量降低。日本学者归纳连作障碍产生的原因有以下五种：①土壤养分缺失；②土壤反应异常；③土壤理化性质变化；④自毒作用；⑤土壤微生物变化。目前解决连作障碍一个快速、简单的方法就是轮作，轮作是指在同一耕地上将不同类型的作物有顺序地在一定年限内循环种植，因轮作方式的不同，可分为定区轮作和非定区轮作。

川牛膝轮作可选择在高海拔地区生长条件相似的品种，例如黄连，均能生长在海拔1500～1800m的山区，以排水通畅、土层深厚、富含腐殖质的微黏性壤土栽培为佳。川牛膝在播种后3～4年的10～11月收获，黄连种子在5月采收后，沙埋处理到11月种子开口时即可播种。川牛膝–黄连连作提高了土壤使用率，减少病虫害，均衡利用土壤养分，调节土壤肥力等优势。赵磊等人比较了川牛膝不同的种植模式下川牛膝的出苗时间、植株生长及病虫害。结果显示：

轮作区与连作区、普通栽培区（无前茬作物的荒地）相比较，川牛膝出苗时间无明显差异，植物长势更好；轮作与连作相比较，川牛膝白锈病和根线虫病发病率更低。近两年，川牛膝与黄连连作模式在峨眉山龙池地区已获得成功。

四、川牛膝播种时间及密度

川牛膝播种期与药材品质和产量密切相关，比较不同播种时间对出苗时间的影响，结果发现播种时间的不同对出苗时间影响有显著性差异，4月24日～5月1日播种的，出苗时间最短；播种时间过晚，高温不利于幼苗的生长。通过综合比较得出在峨眉山龙池地区川牛膝的播种时间以4月上旬为宜。随着川牛膝栽种密度的减少，单株的干物质累积量增加；单位面积干物质的累积量随着密度的增减而增加。川牛膝栽种密度适宜时，能增加光合作用效率，提高产量。当行窝距为33.3cm×20.0cm、窝留数为7苗时，产量和质量都较好。

五、川牛膝施肥技术

施肥对川牛膝有效成分含量有较大影响。施用不同比例氮、磷、钾肥对根长度及粗细影响显著不同，氮、磷、钾对牛膝活性成分的影响大小为钾素＞磷素＞氮素。兰海等选用农家肥、生物菌肥、油枯3种常见的肥料作为底肥，通过对不同底肥对川牛膝生长及产量的影响分析。结果表明：油枯底肥的平均产量145.46g，平均地径2.61cm，平均根径2.99cm；混合肥中平均产量106.59g，平均地径1.61cm，平均根径2.07cm；完全不施用底肥中平均产量84.33g，平均地径1.58cm，平均根径1.97cm。施用底肥后，平均产量最高的是油枯组（145.46g），最低的是对照组（84.33g）。因此，川牛膝选择底肥应首选油枯。定期在营养生殖期和生殖生长期对川牛膝进行取样分析，测定地上、地下部分干物质的累积及氮、磷、钾的含量。结果表明：在营养生长期，氮、磷、钾含量最高，氮的吸收累积集中在这个时期；在生长初期，川牛膝对钾的积累量最低，随着川牛膝的营养生长，钾积累量不对增加，直到开花期或收获期，地上和地下部分的钾积累量达到最高；钾的吸收累积多集中在生殖生长阶段。因此，川牛膝在栽培时，要施足底肥，以保证7～8月快速生长时的需求。川牛膝生长期干物质积累速度最快，生产上应在8月底（生殖生长之前）追加磷、钾肥。

邵金凤等研究表明，川牛膝在不同生长发育时期对氮、磷、钾的吸收量不同。川牛膝植株干物质的积累量随着生育进程而逐渐增加，在营养生长期（苗期和旺盛生长期），川牛膝各部位的干物质量和积累量均较大。进入生殖生长阶段时（花期和果期），川牛膝各部位的干物质量的增长速度开始下降，积累率也从开花后期开始降低。收获期时，川牛膝各部位的干物质阶段积累率降到最低，但是此时的干物质量是最大的。各个生育期相比，川牛膝旺盛生长时期也是其干物质积累最多的时期，其次为开花期，前期营养生长阶段（苗期）的生长量较少，种子成长期和收获期的干物质积累率总和在15%左右。邵金凤等研究还表明，苗期川牛膝植株矮小，对氮的积累吸收较为缓慢；当川牛膝植株开始开花时，其地上部分氮积累量开始下降，而地下部分此时的氮积累量逐渐升高；直到川牛膝生长后期，地上部分的氮积累量持续下降，地下部分的氮积累量也呈现了一定程度的降低。这说明在川牛膝生殖生长初期氮肥充足，有可能会提高川牛膝的产量。

第5章

川牛膝药材质量评价

一、本草考证与道地沿革

（一）川牛膝的本草考证

1. 基原考证

牛膝始载于《神农本草经》，但未见川牛膝、怀牛膝之分。后魏晋陶弘景的《名医别录》、唐·孙思邈的《千金翼方》、宋·苏颂的《本草图经》及明·李时珍的《本草纲目》等诸多著作中对牛膝均有记载。有学者根据以上草本文献等对牛膝原植物的描述，认为历代草本文献所记载的牛膝多指怀牛膝。

川牛膝为苋科（Amaranthaceae）杯苋属（*Cyathula Blume*）川牛膝（*Cyathula officinatis* Kuan）的干燥根，别名甜膝，为多年生草本植物。明清以来，不少本草典籍对“川牛膝”“川产牛膝”的药材性状进行了记载。如清·张璐《本经逢原》：“苦酸平无毒，怀产者长而无旁须，水道滞涩者宜之。川产者细而微黑，精气不固者宜之。”清·黄宫绣《本草求真》：“牛膝，出于川者，气味形质虽与续断相似，怀牛膝较之川牛膝微觉有别。”清·张秉成《本草便读》谓：“怀产者象若枝条，下行力足；川产者形同续断，补益功多……怀牛膝根细而长，川牛膝根粗而大。欲行瘀达下则怀胜，补益肝肾则川胜耳。”对川牛膝描述大多比较粗略，且少图例，无法确定其原植物。

川牛膝的原植物，文献记载不一。有的认为是头花杯苋*C. capitata* Moq.，亦有的认为是绒毛杯苋*C. tomentosa* (Roth) Moq.。《中国药典》1963年版收载品种为头花杯苋*C. capitata* Moq.或绒毛杯苋*C. tomentosa* (Roth) Moq.。根据“牛膝类中草药的品种调查及原植物研究”小组指出*C. tomentosa* (Roth) Moq.主产印度。在所研究的国内川牛膝主产区包括四川省天全县在内的一百余份标本中，尚未见有与此种特征相符的标本。因此，认为历来药用的川牛膝原植物不是*C. tomentosa* (Roth) Moq.。据调查鉴定，商品川牛膝原植物有两种：一为川牛膝*C. officinalis* Moq.，系为传统药用川牛膝的正品；另一为头花杯苋*C. capitata* Moq.，商品称麻牛膝（苦麻牛膝）。中医认为其药性与甜牛膝（川牛膝）不同，其药材在1967年经药检部门鉴定作地区习惯用药处理。根据上述情况，川牛膝应为*Cyathua officinalis* Kuan，为1977年以后各版《中国药典》所收载。

2. 产地考证

“地道药材”的形成始于明末，我国医学注重药材的来源产地及加工炮制。川牛膝属传统地道药材，早在明、清时代即自发种植，形成种植优势。主产于四川、云南、贵州。清·汪昂《本草备要》曰：“出西川及怀庆府，长大肥润者良。”1960年前后，随计划经济产生而出现大宗商品药材，其中以四川雅安的天全、宝兴、汉源和乐山的金口河区产量最大，但目前川牛膝整体品质有所下降，其资源尚待进一步开发利用，科学的栽培措施能提高药材的产量和质量。

3. 川牛膝的品质考证

在西南地区川牛膝产地也出现了不同程度的种质混杂，使得药材市场上川牛膝的质量难以保证。但由于川牛膝具有逐瘀通经、通利关节、利尿通淋等功能，特别是现代药理研究证明川牛膝还具有抗肿瘤、抗生育等新的作用，使其再次受到关注。为充分利用本地资源优势，作为道地产区的天全县建立了川牛膝种植基地，对种子需求量日益增加，而天全产的川牛膝以三年生以上结出的种子最佳，不及3年的育出的种苗易烂，导致本地种子供不应求和同属植物头花杯苋（又称麻牛膝*Cyathula capitate* Moq.）流入天全县的现象，并造成天全牛膝与麻牛膝发生天然杂交，使本地品种白牛膝品质退化，严重影响商品价值。在四川、云南等省的部分地区，麻牛膝常混作川牛膝使用，而两者的杂交后代杂牛膝在这些地区也大量存在，不能等同混用。

传统的川牛膝成品质量评价主要以外部形态、个头大小以及简单的检查衡量其优劣，无法以有效成分含量、药材的内在质量评价不同生态环境、多个产区的药材商品内在质量。另外对川牛膝药材中的有害元素，有毒、有害物质的污染状况也缺乏检测数据，直接影响了其临床应用、中成药的生产及出口创汇。马英等用HPLC法测定川牛膝中杯苋甾酮的含量，以控制药材的质量。结果表明：道地川牛膝中杯苋甾酮含量并不最高，是否能以杯苋甾酮含量的多少来评价药材质量的优劣有待于进一步研究。黎万寿等在川牛膝的品质研究中，从川牛膝中分离出了与功能主治基本相吻合的有效成分杯苋甾酮；建立了薄层色谱定性鉴别方法和高效液相含量测定方法；测定了药材中的有毒元素；并且提出了川牛膝质量标准修改建议。

4. 疗效考证

川牛膝始载于《神农本草经》："久服轻身耐老"。李时珍曰："牛膝乃足厥阴、少阴之药。所主之病，大抵得酒则能补肝肾，生用则能去恶血，二者而已。其治腰膝骨痛、足痿阴消、失溺久疟、伤中少气诸病，非取其补肝肾之功。"张秉成《本草便读》："川产者形同续断……欲行瘀达下则怀胜，补益肝肾则川胜耳。"

川牛膝具有利尿通淋、活血祛瘀的功效。陈日华《经验方》云："方夷吾书云：老人久苦淋疾，百药不效。偶见临汀《集要方》中用牛膝者，服之而愈。"《肘后备急方》："治小便不利，茎中痛欲死，用牛膝并叶，以酒煮服之。"杨士瀛《仁斋直指方》云："小便淋痛，或尿血，或沙石胀痛。用川牛膝一两，水二盏，煎一盏，温服。"《济生拔萃方》："万病丸，治女人月经淋闭，月信不来，绕脐寒疝痛，及产后血气不调，腹中结瘕癥不散诸病，牛膝（酒浸一宿焙）、干漆（炒令烟尽）各一两（为末），生地黄汁一升，入石器内，慢火熬至可丸，丸如梧子大。每服二丸，空心米饮下。"《备急千金要方》："妇人阴痛，牛膝五两，酒三升，煮取一升半，去滓，分三服。”《妇人良方》：“生胎欲去，牛膝一握（捣），以无灰酒一盏，煎七分，空心服，仍以独根土牛膝涂麝香，插入牝户中。”《延年方》：“胞衣不出，牛膝八两，葵子一合，水九升，煎三升，分三服。”

川牛膝具有通利关节的功效，可用于气湿痹痛，腰膝痛。《太平圣惠方》：“用牛膝叶一斤（切），以米三合，于豉汁中煮粥，和盐、酱，空腹食之。”《肘后备急方》：“老疟不断，可用牛膝茎叶一把（切），以酒三升渍服，令微有酒气，不即断，更作，不过三剂止。”严西亭《得配本草》：“川牛膝，辛酸苦，入肝经，去风治痹，配茄皮治风痛。”清朝顾元交《本草汇笺》：“土牛膝岂即天名精耶？所载形象及性味功用殆相同也。但专主破血，不似川牛膝兼补精血。”

（二）川牛膝的道地性考证

川牛膝为苋科植物牛膝*Cyathula officinalis* Kuan的干燥根。一般采三年生的根干燥后入药，为著名的川产道地药材，是《中国药典》2015年版一部收载品种，系临床常用中药。

明·贾九学《药品化义》载：“取川产而肥润根长者佳，去芦根用。”清·汪昂《本草备要》：“出西川及怀庆府，长大肥润者。”清·黄宫绣《本草求真》“牛膝，出于川者，气味形质虽与续断相似，怀牛膝较之川牛膝微觉有别。牛膝出西川及怀庆府，长大肥润者良。”由上述可知，四川为川牛膝的道地产区。

二、药典标准

本品为苋科植物川牛膝*Cyathula officinalis* Kuan的干燥根。秋、冬二季采挖，除去芦头、须根及泥沙，烘或晒至半干，堆放回润，再烘干或晒干。

【性状】本品呈近圆柱形，微扭曲，向下略细或有少数分枝，长30～60cm，直径0.5～3cm。表面黄棕色或灰褐色，具纵皱纹、支根痕和多数横长的皮孔样突起。质韧，不易折断，断面浅黄色或棕黄色，维管束点状，排列成数轮同心环。气微，味甜。

【鉴别】（1）本品横切面：木栓细胞数列。栓内层窄。中柱大，三生维管束外韧型，断续排列成4～11轮，内侧维管束的束内形成层可见；木质部导管多单个，常径向排列，木化；木纤维较发达，有的切向延伸或断续连接成环。中央次生构造维管系统常分成2～9股，有的根中心可见导管稀疏分布。薄壁细胞含草酸钙砂晶、方晶。

粉末棕色。草酸钙砂晶、方晶散在，或充塞于薄壁细胞中。具缘纹孔导管直径10～80μm，纹孔圆形或横向延长呈长圆形，互列，排列紧密，有的导管分子末端呈梭形。纤维长条形，弯曲，末端渐尖，直径8～25μm，壁厚3～5μm，纹孔呈单斜纹孔或人字形，也可见具缘纹孔，纹孔口交叉成十字形，孔沟明显，疏密不一。

（2）取本品粉末2g，加甲醇50ml，加热回流1小时，滤过，滤液浓缩至约1ml，加于中性氧化铝柱（100～200目，2g，内径为1cm）上，用甲醇-乙酸乙酯（1：1）40ml洗脱，收集洗脱液，蒸干，残渣加甲醇1ml使溶解，作为供试品溶液。另取川牛膝对照药材2g，同法制成对照药材溶液。再取杯苋甾酮对照品，加甲醇制成每1ml含0.5mg的溶液，作为对照品溶液。照薄层色谱法（通则0502）试验，吸取供试品溶液5～10μl、对照药材溶液和对照品溶液各5μl，分别点于同一硅胶G薄层板上，以三氯甲烷-甲醇（10：1）为展开剂，展开，取出，晾干，喷以10%硫酸乙醇溶液，在105℃加热至斑点显色清晰，置紫外光灯（365nm）下检视。供试品色谱中，在与对照药材色谱和对照品色谱相应的位置上，显相同颜色的荧光斑点。

【检查】 水分 不得过16.0%（通则0832第二法）。

总灰分 取本品切制成直径在3mm以下的颗粒，依法检查，不得过8.0%（通则2302）。

【浸出物】 取本品直径在3mm以下的颗粒，照水溶性浸出物测定法（通则2201）项下的冷浸法测定，不得少于65.0%。

【含量测定】 照高效液相色谱法（通则0512）测定。

色谱条件与系统适用性试验　以十八烷基硅烷键合硅胶为填充剂；以甲醇为流动相A，以水为流动相B，按下表中的规定进行梯度洗脱；检测波长为243nm。理论板数按杯苋甾酮峰计算应不低于3000。

时间（分钟）	流动相A（%）	流动相B（%）
0～5	10	90
5～15	10→37	90→63
15～30	37	63
30～31	37→100	60→0

对照品溶液的制备　取杯苋甾酮对照品适量，精密称定，加甲醇制成每1ml含25μg的溶液，即得。

供试品溶液的制备　取本品粉末（过三号筛）约1g，精密称定，置具塞锥形瓶中，精密加入甲醇20ml，密塞，称定重量，加热回流1小时，放冷，再称定重量，用甲醇补足减失的重量，摇匀，滤过，取续滤液，即得。

测定法　分别精密吸取对照品溶液10μl与供试品溶液5～20μl，注入液相色谱仪，测定，即得。

本品按干燥品计算，含杯苋甾酮（$C_{29}H_{44}O_8$）不得少于0.030%。

饮片

【炮制】 川牛膝　除去杂质及芦头，洗净，润透，切薄片，干燥。

本品呈圆形或椭圆形薄片。外表皮黄棕色或灰褐色。切面浅黄色至棕黄色。可见多数排列成数轮同心环的黄色点状维管束。气微，味甜。

【检查】 水分　同药材，不得过12.0%。

【浸出物】 同药材，不得少于60.0%。

【鉴别】（除横切面外）【检查】（总灰分）【含量测定】同药材。

酒川牛膝　取川牛膝片，照酒炙法（通则0213）炒干。

本品形如川牛膝片，表面棕黑色。微有酒香气，味甜。

【性味与归经】 甘、微苦，平。归肝、肾经。

【功能与主治】 逐瘀通经，通利关节，利尿通淋。用于经闭癥瘕，胞衣不下，跌扑损伤，风湿痹痛，足痿筋挛，尿血血淋。

【用法与用量】 5～10g。

【注意】 孕妇慎用。

【贮藏】 置阴凉干燥处，防潮。

三、质量评价

当今，随着化学药物在临床使用中造成药源性疾病等问题的出现，人类回归自然热潮的到来，天然药物逐渐受到世人的青睐。在国际植物药市场中占主导地位的是欧洲草药制剂和日、韩汉方制剂，而我国中药多以附加值低的中药材出口为主。虽然近年来中药提取物出口的数量呈上升趋势，但我国中药在国际市场的份额仍然很低，其质量可控问题成为中药走向世界的“瓶颈”，合理的质量评价方法是保证中药质量首先要解决的问题。

目前国内尚无建立川牛膝品质评价的标准。赵华杰等首次按照《中国药典》2010年版的质量控制方法对其不同产区的38个川牛膝药材中的杯苋甾酮进行了含量测定分析。结果表明：在采集的38个样本当中，其含量范围在0.064%～0.183%，平均值为0.126%。湖南、湖北、重庆所产的川牛膝中杯苋甾酮的含量平均值均在0.140%以上，要高于四川所产的川牛膝中杯苋甾酮的含量平均值（0.121%）。湖南、湖北、重庆所产的川牛膝中杯苋甾酮的含量范围波动较小，其数据在0.118%～0.168%之间波动；四川所产川牛膝中杯苋甾酮的含量范围波动较大，其数据在0.087%～0.183%之间波动。

分析其原因主要有：湖南、湖北及重庆生产的川牛膝以育苗移栽方进行栽种，均为两年生。且其生长的地里环境更靠东南一些，温度较高且在采收期天气较好，以及当地土质等原因的影响，导致其杯苋甾酮的含量高于四川。四川所产川牛膝中杯苋甾酮的含量范围波动较大，可能是因为微环境、土壤等不同，导致其次生代谢产物发生改变，以及受当地药材种质纯度的影响。

四川雅安地区为川牛膝的道地产区，其药材中杯苋甾酮的含量要略低于其他产区，故能否单独以杯苋甾酮含量的高低来评价川牛膝的品质及其道地性还有待进一步研究。

分析不同生长年限川牛膝中杯苋甾酮含量，并没有发现含量与生长年限具有明显的规律。这可能与本实验所采集的样本量有关。

由不同的采收时间可以看出，9月采收的药材杯苋甾酮含量要略高于11月的含量，故有必要研究其最佳采收期，使含量、产量等达最优。通过口尝药材粉末，药材越甜的材料其杯苋甾酮含量越高，这与传统的经验鉴别结果相一致。其药材口味是否与药材中杯苋甾酮含量及多糖含量相关将有待进一步研究。

（一）性状鉴别

原植物形态：为多年生草本，高40～100cm；主根圆柱状，皮近白色，味微甘；茎略四棱，多分枝，疏生长糙毛。叶椭圆形或窄椭圆形，少数倒卵形，长3～12cm，宽1.5～5.5cm，先端渐尖或尾尖，基部楔形或宽楔形，全缘，上面有贴生长粗毛，下面毛较密；叶柄长5～15mm，密生长粗毛。复聚伞花序密集成花球团，花球团多数，直径1～1.5cm，淡绿色，干时近白色，在枝端花序轴上交互对生，密集或相距2～3cm；复聚伞花序3～6次分歧，聚伞花序两性花在中央，不育花在两侧；苞片卵形，花被片披针形，先端刺尖头，内侧3片较窄；花丝基部密生节状束毛；退化雄蕊长方形，宽约为长的1/2，先端齿状浅裂；子房圆筒形或倒卵形，花柱长约1.5mm，宿存，柱头头状。胞果椭圆形或倒卵形，淡黄色，包裹在宿存花被内。种子椭圆形或倒卵形，红褐色。

吴向莉从原植物形态、药材外观性状和粉末显微特征方面，详细总结了川牛膝与麻牛膝的鉴别要点。提出将根形、质地、断面颜色、叶形、花色等指标作为原植物形态和药材外观性状的鉴别要点，将维管束排列情况、细胞内草酸钙晶体形态作为显微鉴别的要点。

《常用中药材品种整理和质量研究》对川牛膝及同属其他植物进行了详细比较显微鉴别研究。

1988年、1993年，张泓、胡正海等对川牛膝（*Cyathula officialis* Kuan）的根和茎中异常结构的形成过程进行了发育解剖学研究，对川牛膝的内部结构进行了较为系统的研究，为原植物和药材的鉴别提供理论依据。

1995年，胡孝丰等人使用扫描电镜加X射线对川牛膝横切面的无机成分进行了定性及半定量研究，为道地药材的微观研究提供了一种新的方法。

1998年，郭庆梅等对不同生长期和同一生长期不同部位的川牛膝根进行了形态解剖学的研究。

川牛膝：药材呈近圆柱形，主根明显，向下略细或有少数分枝。微扭曲，表面黄棕色或灰褐色。质韧，不易折断，断面维管束点状，排列成同心环状。味甜。

麻牛膝：药材呈圆锥状，无明显主根，多分枝。少扭曲，表面灰褐色或棕红色。质脆，易折断，断面维管束点状，排列成同心环状。味苦涩，略有麻味，无甜味。

杂牛膝：药材呈圆锥状，无明显主根，根条粗短，多分枝。微扭曲，表面棕色或棕褐色。质脆，易折断，断面维管束点状，排列成的同心环状不明显。味麻，无甜味。

土牛膝：药材呈圆柱形，无明显主根，多分枝。略弯曲，表面灰棕色或灰黄色，质较韧，易折断，断面维管束点状，散在分布，未排列成同心环状。甜味较淡，微苦涩。

（二）显微鉴别

通过对横切片的观察发现，川牛膝及其混杂品种在结构上有相似之处，如都有栓内层窄，中柱大，三生维管束外韧型排列成环，薄壁细胞中都含有草酸钙砂晶、方晶。

但从木栓层与栓内层来看，木栓层是由木栓形成层向外分裂产生的细胞构成的，细胞呈砖形，排列整齐、紧密，细胞壁栓质化，成熟后死亡。细胞腔内充满空气，有的还含有单宁、树脂等物质，因此木栓层不透水、不透气，并富弹性。杂牛膝木栓层较川牛膝和麻牛膝更厚，一般由5～10列细胞组成，且木化程度较高。杂牛膝的栓内层最宽，约占根半径的1/3。也就是说杂牛膝较其他两种牛膝具有更好的耐受性和抗自然灾害的能力。

从三生维管束来看，三生维管束的主要生理作用是支撑及营养物质的运输，其内含多数导管、胞管、木薄壁细胞和木纤维。此外三生维管束的增长是川牛膝及其混杂品种根增粗主要因素。杂牛膝的三生维管束最高达到13轮，轮最大个数为60个；麻牛膝次之，三生维管束最高达到11轮，轮最大个数为40个；川牛膝三生维管束最高仅8轮，轮最大个数为35。且杂牛膝木纤维化程度最高，反映到药材的形状特征为杂牛膝和麻牛膝均较柴，易折断。川牛膝较韧，不易折断。

从单位面积薄壁细胞中草酸钙晶体数量来看。草酸钙结晶是由钙中和对植物体有害的过量草酸形成的，其形成被认为有解毒作用。在器官中，随着组织衰老，草酸钙结晶也渐增多。杂牛膝单位面积草酸钙晶体数量能达到254.324个/cm^2，麻牛膝单位面积草酸钙晶体数量能达到132.372个/cm^2，川牛膝单位面积草酸钙晶体数量只有78.483个/cm^2，也就是说川牛膝根生长过程中产生的对植物有毒害的成分最少，而杂牛膝产生的最多。此外，研究表明合成草酸钙晶体是植物Ca^{2+}库水平调节机制的一部分。环境中Ca^{2+}含量相对丰富，而根对Ca^{2+}吸收的限制较少，许多植物吸收Ca^{2+}并不是代谢必需的，与基质中Ca^{2+}浓度以及从质外体到木质部的通透性有关。Ca^{2+}参与细胞内信号传导，并调控其他生化过程，因此必须控制Ca^{2+}浓度。沉淀过量的Ca^{2+}，使其生理失活，这对于植物非常重要。由此可以推断杂牛膝中Ca^{2+}平衡需要更多的草酸钙结晶来调节。

（三）薄层色谱鉴别

薄层色谱是中药材常用的评价药材质量的鉴定手段，它建立在中药化学成分的基础上。根据样品与对照药材与对照品在薄层板上的位置、颜色及斑点的大小，了解药材化学成分的差异。川牛膝据文献及《中国药典》记载，薄层鉴别主要为甾酮类成分杯苋甾酮及阿魏酸。

1. 杯苋甾酮

薄层色谱鉴别方法同《中国药典》2015年版。

2. 阿魏酸

取川牛膝药材粉末约1g，置100ml锥形瓶中，加入0.5mol/L NaOH溶液50ml，加热至沸，超声30分钟，滤过，取续滤液加浓盐酸至pH=1，滤过，滤液用乙酸乙酯萃取至无色，合并乙酸乙酯液，水浴上挥干，残渣用甲醇溶解，作为供试品溶液。取阿魏酸对照品10mg，加甲醇溶解制成每1ml含2mg的溶液，作为对照品溶液。吸取上述两种溶液各5μl，分别点于同一硅胶G薄层板上，以三氯甲烷：乙酸乙酯：甲酸（5：2：0.2）为展开剂，展开，取出，在105℃烘至显色清晰。置紫外光灯（365nm）下检视。供试品色谱中，在与对照品色谱相应的位置上，显相同颜色的荧光斑点。

（四）指纹图谱鉴别

中药指纹图谱是一种综合性的全面评价药材质量的鉴定手段，它建立在中药化学成分系统研究的基础上。因为指纹图谱能全面反映中药及其制剂种所含化学成分的种类及数量，近年来，在中药领域快速的应用和推广。根据文献报道，列出川牛膝的HPLC指纹图谱鉴别方法，照高效液相色谱法（附录Ⅵ D）测定。以十八烷基硅烷键合硅胶为填充剂；以甲醇为流动相A，以水为流动相B；流速为0.8ml/min；柱温为30℃；检测波长为266nm。

时间（分钟）	流动相A（%）	流动相B（%）
0～5	5→46	96→54
5～32	46→66	54→34
32～40	66→100	34→0

精密称取杯苋甾酮对照品适量，加甲醇制成对照品溶液。取川牛膝药材粉末1g，置20ml具塞试管中，加入100%甲醇5ml，称重，至涡旋振荡器振荡均匀，30℃ 40 kHz超声30分钟，放冷，加甲醇补足减失重量，再次置涡旋振荡器振荡均匀，以10 000r/min离心10分钟，取上清液以0.45μl微孔滤膜滤过，即得供试品溶液。分别精密吸取对照品溶液与供试品溶液各10μl，注入液相色谱仪，将测定的HPLC图谱数据导入《中药色谱指纹图谱相似度系统A版》中进行处理，得出相似度。

（五）质量检查

质量检查主要是对药材正常生产过程中可能产生或引入的杂质加以控制，药材常用检查水分、总灰分、浸出物等项目。

1. 水分

采用甲苯法，取供试品适量，精密称定，置于圆底烧瓶中，加入甲苯约200ml，将仪器各部分连接好，自冷凝管顶端加入甲苯，至其充满水分测定管的狭细部分。缓缓加热圆底烧瓶，待水分完全馏出时，用甲苯冲洗冷凝管壁，继续蒸馏5分钟，放冷读出数据，并计算含水量。川牛膝不得过16.0%。

2. 总灰分

取本品切制成直径在3mm以下的颗粒，混合均匀，取供试品2～3g，置炽灼至恒重的坩埚中，称定重量，缓缓炽热至完全炭化，逐渐升高温度至500～600℃，使完全灰化至恒重，计算总灰分的含量。川牛膝总灰分不得过8.0%。

3. 浸出物

取本品直径在3mm以下的颗粒，精密称取样品约4g，置250～300ml的锥形瓶中，精密加水100ml，密塞，冷浸，前6小时内时时振摇，再静置18小时，用干燥滤器迅速滤过，精密量取续滤液20ml，置已干燥至恒重的蒸发皿中，在水浴上蒸干后，于105℃干燥3小时，置干燥器中冷却30分钟，迅速精密称定重量，计算水溶性浸出物的含量（%）。川牛膝水溶性浸出物不得少于65.0%。

（六）含量测定

据文献资料报道，现有川牛膝含量测定的方法有HPLC（测定单一成分）、

HPLC指纹图谱法（同时测定多种成分）、HPLC-MS、分光光度法等，测定川牛膝中甾酮类，阿魏酸，多糖类等成分的含量。

1. 川牛膝杯苋甾酮的含量测定

除《中国药典》2015年版的含量测定方法外，潘靖采用反相高效液相色谱法测定杯苋甾酮在家兔血浆中的药物浓度，流动相条件为乙腈20g、水80g、磷酸二氢钠1.20g，流速1ml/min，检测波长243nm，杯苋甾酮在0.565～9.040μg/ml范围内线性关系良好。马英等采用反相高效液相色谱法对川牛膝中的杯苋甾酮进行了含量测定。色谱柱为Hypersil ODS柱，流动相：乙腈-水（1：4.9），流速：0.9ml/min，检测波长：243nm，线性范围1.91～38.28μg，r=0.9999，平均回收率93.1%（n=6）。陈幸等采用HPLC法测定了川牛膝中杯苋甾酮的含量，在流动相A（甲醇）：B（水）=35：65，流速1ml/min，检测波长243nm，温度35℃，灵敏度0.01时效果较好。另外，据考察在样品制备时热回流方法比超声法和浸泡法提取效果好。

2. 川牛膝阿魏酸的含量测定

照高效液相色谱法（附录Ⅵ D）测定。

（1）色谱条件　以十八烷基硅烷键合硅胶为填充剂；以乙腈-0.05%磷酸（30：70）为流动相；流速为1.0ml/min；柱温为30℃；检测波长为323nm。

（2）对照品溶液的制备　精密称取阿魏酸对照品适量，加甲醇分别制成每

1ml含阿魏酸105μg的溶液，即得。

（3）样品溶液的制备　取川牛膝药材粉末1g，置100ml锥形瓶中，加入0.5mol/L NaOH溶液50ml，加热至沸，超声30分钟，过滤，取滤液25ml加盐酸至pH=1，滤液分别用乙醚100ml、乙酸乙酯100ml萃取，第一次40ml，第二、三次分别30ml，合并乙醚液，水浴上挥干，残渣加甲醇定容至10ml。

（4）测定法　分别精密吸取对照品溶液与供试品溶液各10μl，注入液相色谱仪，测定，即得。

本品按干燥品计算，含阿魏酸（$C_{10}H_{10}O_4$）不得少于0.11%。

3. 川牛膝多糖的含量测定

川牛膝多糖是以果糖为主，葡萄糖为辅的呋喃型的多聚糖，由6～12个单糖残基构成。刘友平等采用分光光度法，对牛膝多糖的含量进行了测定，确定了其最大吸收波长为490nm，采用苯酚-硫酸显色，建立了川牛膝多糖含量测定的方法。

4. 川牛膝HPLC-MS

近年来，质谱技术越来越成熟，色谱质谱联用技术也得到了广泛的推广。与紫外检测器相比，质谱检测器具有更高的灵敏度，检测限可达纳克甚至皮克级别；使用范围更广，化合物能被电离就能检测；质谱可以获得更多化合物结构等信息。HPLC-MS是将色谱的良好分离能力与质谱检测器的优势相结合，适合分离中药复杂的化学成分，是中药材非常有效的分离、鉴别手段。

赵轩通过考察流动相、柱温等确定了HPLC-MS条件。

（1）色谱条件　色谱柱Agilent Zorbax　Eclipse XDB-C_{18}，5μm，250mm×4.6mm；以0.1%甲酸乙腈-0.1%甲酸水溶液为流动相；流速为1.0ml/min；柱温为25℃。

（2）质谱条件　采用电喷雾电离，喷雾电压4.5kV，雾化气（N_2）流量35个任意值单位，辅助气（N_2）流量5个任意值单位，毛细管温度300℃；扫描范围：300～1000m/z；负离子检测模式；进行在线MS/MS，强度阈值10^5，离子宽度2，碰撞归一化能量40%；三通分流，分流比为4：1。

（3）对照品溶液的制备　精密称取阿魏酸对照品适量，加甲醇分别制成每1ml含阿魏酸105μg的溶液，即得。

（4）样品溶液的制备　称取过40目筛的川牛膝药材粉末0.5g，置25ml圆底烧瓶中，加入0.50%甲醇水溶液20ml，称重，超声40分钟，用50%的甲醇补足失重，用0.22μm的微孔滤膜过滤，即得。

5. 川牛膝HPLC指纹图谱法

中药指纹图谱是将中药化学信息通过指纹图谱的信息进行表达，具有3个基本特征：系统性，特征性，稳定性。系统性是指指纹图谱反映中药有效部位所含主要成分的种类或指标成分的全部；特征性是指指纹图谱所反映的成分信息具有高低的选择性，其共有特征峰能反映中药的真伪与质量优劣；稳定性是指在规定条件下，测定方法的准确性。中药指纹图谱是一种综合的、可量化的化学手段。

（1）色谱条件　色谱柱Agilent Zorbax Eclipse XDB-C_{18}（250mm×4.6mm，5μm）；以乙腈-0.1%磷酸为流动相；梯度洗脱程序：0～70分钟，5%～58%乙腈，70～80分钟，58%～100%乙腈，80～90分钟，100%～5%乙腈；流速为0.5ml/min；柱温为30℃；检测波长为266nm。

（2）对照品溶液的制备　精密称取葛根素、杯苋甾酮、大豆苷元对照品适量，加甲醇溶液，即得对照品溶液。

（3）样品溶液的制备　取川牛膝药材粉末1g，置25ml具塞锥形瓶中，加入25ml甲醇并称定质量，于60℃水浴加热提取30分钟后取出静置到室温，再次称定重量，用甲醇补足损失重量。滤过，滤液用超纯水稀释1倍，充分混匀后即得。

由于盐炙、酒炙后川牛膝中葛根素、杯苋甾酮、大豆苷元含量未发生明显的变化，因此童凯等人认为杯苋甾酮、葛根素、大豆苷元含量不能代表川牛膝炮制品的指控指标成分。

6. 其他检测方法

电子舌是近年来新起的技术，主要用于鉴别药材的味，它能量化“味”，避免人为差异。王斌采用电子舌技术，建立鉴别川牛膝味的方法，采集温度为25℃，采集时间120秒，采集周期为1秒，搅动速度为1r/s，清洗液为纯化水。通过主成分分析，判别因子分析对获取的“味”相关数据进行处理，以此分析川牛膝药材及其混淆品。

王耐等人采用拍摄川牛膝药材图片，并建立图像识别方法，采用MATLAB软件编程拼接牛膝和川牛膝药材的横切面显微图像，提取颜色、纹理和横切面维管束组织特征，将数据整理成数据矩阵，通过Zscore函数对数据矩阵进行标准化，通过Princomp函数进行主成分分析；采用BP神经网络识别模式，该方法能测定川牛膝近缘药材样本。

此外，红外光谱法、X射线衍射法，及蛋白质SDS-PAGE电泳法建立川牛膝指纹图谱，为快速鉴定川牛膝及易混品种提供了快速准确的一种新方法，新途径。

四、商品规格等级

一等干货。呈近圆柱形，微扭曲，向下略细或有少数分枝，长30～60cm。表面黄棕色或灰褐色，具纵皱纹、支根痕和多数横长的皮孔样突起。质韧，不易折断，断面浅黄色或棕黄色，维管束点状，排列成数轮同心环。气微，味甜。无须根、杂质、虫蛀、霉变。中上部直径大于1.42cm（图5-1）。

二等干货。中上部直径大于1.04cm，小于1.42cm。其余同一等干货（图5-2）。

三等干货。中上部直径小于1.04cm，大于0.4cm。其余同一等干货（图5-3）。

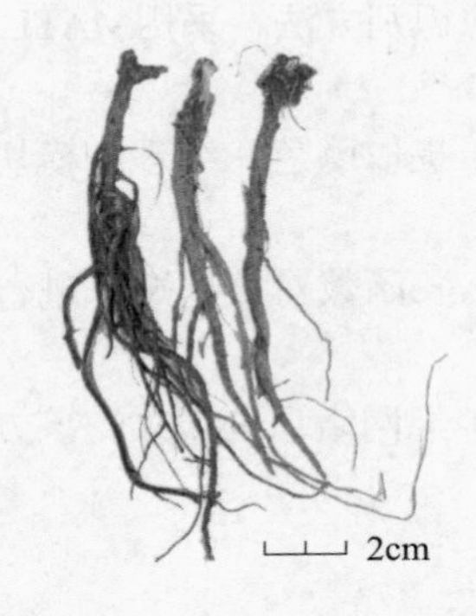

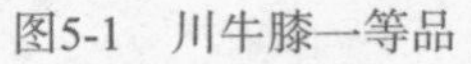
图5-1　川牛膝一等品

图5-2　川牛膝二等品

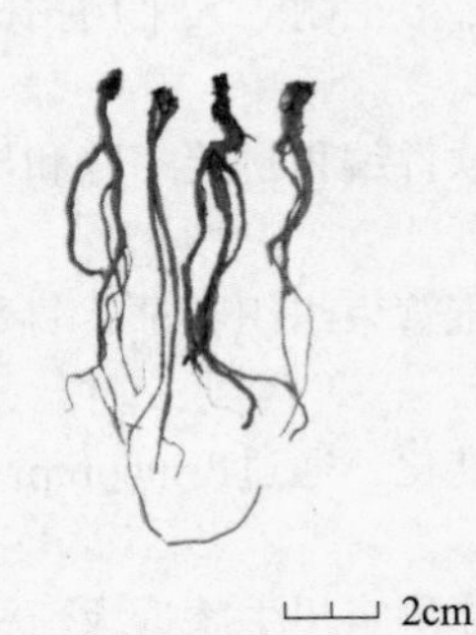

图5-3　川牛膝三等品

统货干货。中上部直径大于0.4cm，其余同一等干货（图5-4）。

注：1. 当前药材市场将川牛膝分为甜牛膝以及麻牛膝，其中甜牛膝为正品川牛膝，而麻牛膝*Cyathual capitata* Moq.为地方习惯用药品种（图5-5），不符合药典规定。

2. 市场上以及产地对川牛膝的分级主要是根据直径的不同进行划分，也有很少部分还会根据不同药用部位及直径进行划分，而产地的川牛膝区别不大，因此本次标准也主要根据川牛膝的直径不同进行划分。

3. 目前市场上以及产地的川牛膝统货大部分没有将川牛膝的须根去掉，这样是不符合药典的规定。

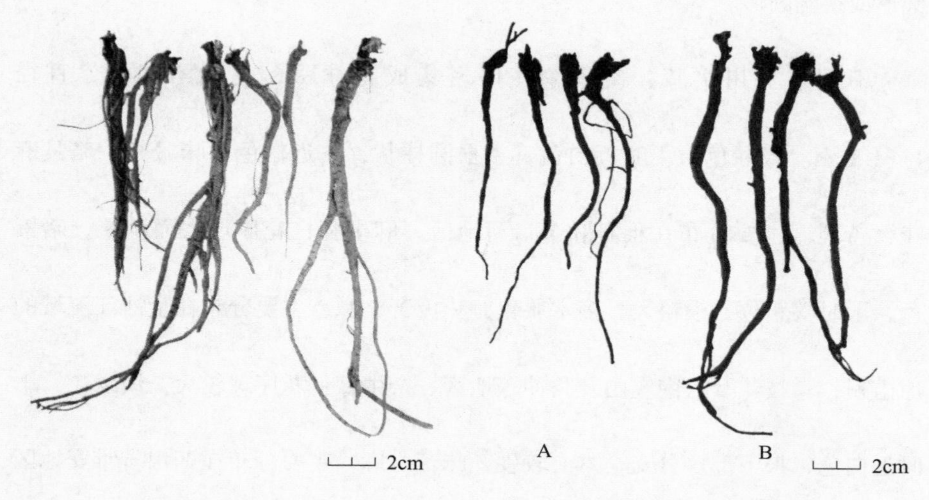

图5-4　川牛膝统货

图5-5　麻牛膝和川牛膝对比图
A.麻井膝；B.川牛膝

五、川牛膝混淆品

各地栽培的川牛膝种质较混杂，目前发现的混淆品主要为麻牛膝（*Cyathula capitata* Moq.）及川牛膝与麻牛膝杂交种“杂牛膝”。调查发现，宝兴、天全、荥经、汉源和名山等县种植的大部分“川牛膝”为杂牛膝，产量占整个雅安产地川牛膝的80%左右，并作为商品川牛膝流通。麻牛膝、杂牛膝与川牛膝的主要区别如下。

1. 植物

相同点：川牛膝和麻牛膝属于同科同属植物，都有复聚伞花序密集成花球团，花球团多数，顶生或在侧枝顶端，茎都具有四棱，有毛。叶对生，叶片椭圆形或狭椭圆形。

不同点：川牛膝：复聚伞花序密集成花球团，花球团多数，直径1～1.5cm。淡绿色，干时近白色，主根圆柱状，皮近白色。味微甘，略具麻味，苦涩。主要分布在雅安和金口河地区。麻牛膝：花序球大而稍长，暗紫色，干时褐紫色，根粗大，多木质化，味极苦、麻，主要分布在金沙江流域的凉山州、攀枝花及云南宝山及腾冲等地区。杂牛膝：花序球较大，淡绿色，干时近白色，根下部多分支，木心较硬，味苦、麻，主要分布在四川省雅安地区（图5-6至图5-8）。

图5-6　川牛膝原植物（花）

图5-7　杂牛膝原植物（花）

图5-8　麻牛膝原植物（花）

《医学衷中参西录》“牛膝解”项下载：“川产者有紫、白两种色，紫色佳”。《中国药典》中川牛膝仅收录苋科植物川牛膝*Cyathula officinalis* Kuan这一个基原。《中华本草》和《中药鉴定学》记载云南、贵州等地将麻牛膝*Cyathula capitata* Moq.的根作为川牛膝使用。川牛膝与麻牛膝杂交种“杂牛膝”的原植物现无文献报道。

2. 性状

川牛膝：根呈长圆柱形，根头部较小，向下略有较细分枝，微扭曲，有纵皱纹和侧根痕，顶端时有残留的根茎和茎基，肉眼可见横向突起的皮孔。表面黄棕色，质柔韧，不易折断。断面呈棕褐色或棕黄色，表面可见淡黄色筋脉点排列成多轮同心圆，断面显纤维性，气微，味甜。

麻牛膝：根呈圆锥形，扭曲，根头膨大，分枝较多，有纵皱纹及皮孔。表面呈棕黄色或棕褐色，质脆，易折断。断面棕褐色或棕黄色，断面可见许多黄白色筋脉点排列成同心圆，显纤维性。气浓，味麻，苦涩。

杂牛膝：杂交牛膝根呈圆柱形，根头略膨大，有一主根，分枝多而细，表面可见纵皱纹及皮孔。表面呈黄棕色或棕褐色。质脆，易折断，断面呈棕黄色或微红棕色，可见黄白色筋脉点排列成同心圆，呈纤维性。气微、味微甜，稍有麻舌感。

3. 横切面显微特征

川牛膝：中央次生维管束较大，多为2原型。外周三生维管束环数为2～6圈。薄壁细胞多成类圆形，可见散在的草酸钙结晶，越靠近中心，草酸钙结晶越多越大。

麻牛膝：中央次生维管束常为2～6原型。外周三生维管束排列成3～8圈。薄壁细胞靠近中心呈类圆形，周围呈长方形或长圆形。显微镜下可见草酸钙结晶密集且分布均匀。

杂牛膝：中央次生维管束常为2～5原型，外围薄壁细胞多呈圆形。类三生维管束排列成3～7圈，草酸钙结晶密集，越靠近中心草酸钙结晶越大。

川牛膝中央次生维管束较大，麻牛膝、杂牛膝较川牛膝更小；平均每一圈的三生维管束个数杂牛膝最多，麻牛膝次之，川牛膝最少；麻牛膝草酸钙结晶较杂牛膝多，较川牛膝少。

4. 粉末显微特征

川牛膝：草酸钙砂晶呈三角形、多角形、不规则形；草酸钙方晶呈长方形、类长方形、不规则形；具缘纹孔导管；木纤维近无色或淡黄色；薄壁细胞类圆形或长方形，少数细胞含有草酸钙砂晶和方晶。

麻牛膝：草酸钙砂晶呈三角形、多角形、菱形、不规则形；草酸钙方晶呈斜方形、方形、长方形、不规则形；具缘纹孔导管；木纤维呈长梭形、长披针形，多成束；薄壁细胞类圆形或长方形，少数细胞含有草酸钙砂晶和方晶。

杂牛膝：草酸钙砂晶呈三角形、多角形、菱形、不规则形；草酸钙方晶呈长方形、类方形、不规则形；具缘纹孔导管；木纤维散在或成束，呈长梭形、长条形，淡黄色或近无色；薄壁细胞类圆形或长圆形，草酸钙砂晶和方晶多充满整个薄壁细胞中。

川牛膝和杂牛膝薄壁细胞多呈类圆形，麻牛膝的薄壁细胞靠近中心呈类圆形，周围呈长方形或者长圆形。

5. 品质评价

早期，区别川牛膝混淆品常用性状鉴别来区分。通过性味，主根分枝、根直径等大致区分川牛膝与其他混淆品。随着科技的发展，川牛膝的品质评价也出现多种的检测方法。如采用智能感官系统电子舌对川牛膝进行判别分析，根据“味道”差异来判定样品的产地、年限以及是否存在混淆等；采用显微镜观察川牛膝药材横断面维管束进行区别；采用液相测定川牛膝中杯苋甾醇的含量，刘维等测定川牛膝中主要指标成分杯苋甾醇，采用灰色关联度分析方法，对3个道地产区的32个居群川牛膝正品及混淆品指标成分含量与植株性状、生态环境、根的显微特征进行关联度分析。结果表明：对川牛膝杯苋甾醇贡献值最大的为叶宽，主要农艺性状对含量贡献依次为叶宽＞叶长＞冠幅＞单株鲜根重＞茎周长＞根分指数＞根长＞株高＞根周长；生

态环境对杯苋甾醇含量贡献依次为海拔＞年降水量＞平均相对温度＞年蒸发量＞年平均日照＞10℃的有效积温＞年均气温；川牛膝根的显微结构对杯苋甾醇含量贡献依次为栓内层厚度＞木栓层厚度＞三生维管束个数＞草酸钙晶体数量；建立川牛膝指纹图谱，通过聚类分析，根据相似度来区别不同产地、不同年限的川牛膝药材，研究发现不同产地川牛膝指纹图谱相似度在0.889～0.974，聚类分析将川牛膝分为两类：一年生、三年生或三年以上生。

随着分子技术的快速发展，在中药领域也得到了广泛的推广应用。刘维采用SSR对川牛膝遗传多样性进行分析，发现川牛膝SSR多态性位点共有6个，其中PIC的平均值为0.2946，表明川牛膝的各位点为中度多态性位点，居群间的遗传分化系数值为0.8623，表明居群变异占川牛膝遗传变异整体的86.23%，说明川牛膝的遗传分化在居群间部比居群内部更为丰富；刘维还基于叶绿体matK和ITS序列对川牛膝目前的地理分布格局及遗传多样性进行探讨，分析造成川牛膝分布格局的原因主要为川牛膝居群间的遗传变异，同时研究发现四川天全、宝兴、金口河、米易等地区样品亲缘关系较近，杂牛膝是川牛膝和麻牛膝的杂交种，其亲缘关系上与以上两种的距离均较近。田孟良等人建立了四川天全、宝兴、会理、金口河等地的19个牛膝种群（包括川牛膝、杂牛膝、怀牛膝）的RAPD指纹图谱，从中找到多态性谱带F300、F500进行克隆与测序；根据测序结果设计3对PCR特异引物，分别用合成的引物对19个材料的基因组进行扩增。特异引物的能有效地把川牛膝从19份材料中区分出来，可准确鉴定川牛膝、杂牛膝、怀牛膝。

第6章

川牛膝现代研究与应用

一、化学成分研究

（一）化学成分

川牛膝主要含有皂苷类、甾酮类、多糖类化合物，另外还含有生物碱类、挥发油、有机酸类等化合物。

1. 皂苷类

三萜及其苷类普遍存在于苋科植物的各属中，其中牛膝属和苋属植物中的三萜皂苷最为丰富。川牛膝中皂苷类约占所有化合物的52%，三萜皂苷是其主要活性成分。目前，已报道的川牛膝三萜皂苷类有27种，主要为齐墩果烷型三萜皂苷，还有丝石竹苷及常春藤皂苷，其3-*O*-［*α*-L-rhamnopyranosyl-（1→3）-（*n*-butyl-*β*-D-glucopyranosiduronate）］-28-*O*-*β*-D-glucopyranosyl oleanolic acid、3-*O*-［*α*-L-rhamnopyranosyl-（1→3）-（*β*-D-glucuronopyranosyl）］oleanolic acid、3-*O*-［*β*-D-glucopyranosyl-（1→2）-*α*-L-rhamnopyranosyl-（1→3）-（*β*-D-glucuronopyranosyl）］-28-*O*-*β*-D-glucopyranosyl oleanolic acid、3-*O*-*β*-D-glucopyranosyl oleanolic acid、28-*O*-*β*-D-glucopyranosyl-（1→4）-*β*-D-glucopyranosylhederagenin、3-*O*-{*α*-L-rhamnopyranosyl-（1→3）-［*β*-D-glucopyranosyl（1→2）］-（*α*-D-glucopyranosiduronate）}-28-*O*-*β*-D-glucopyranosyl anosyl oleanolic acid、3-*O*-［*α*-L-rhamnopyranosyl-（1→3）-（*β*-D-glucopyranosyl）］-28-*O*-*β*-D-glucopyranosyl

anosyl oleanolic acid、3-*O*-［*α*-L-rhamnopyrano syl-（1→3）-*α*-D-glucopyranosyl）]-23-OH-28-*O*-*β*-D-glucopyranosyl anosyl oleanolic acid这8种已从川牛膝中分离得到。牛膝中大多数三萜皂苷具有结构：1～4个糖连在齐墩果酸的C-3或C-28位，或者两者皆有，形成单糖链或双糖链，糖链由1～2个单糖残基组成，成分主要为葡萄糖、鼠李糖和葡萄糖醛酸。

2. 甾酮类

甾酮类化合物为川牛膝中的主要活性成分之一。蜕皮甾酮是川牛膝中常见的甾酮类成分，具有蜕皮激素样作用，可用于风湿性关节炎。已报道的甾酮类化合物主要有杯苋甾酮、异杯苋甾酮、28-epi-cyasterone、25-epi-28-epi-cyasterone、24-hydroxycyaterone、森告甾酮、紫苋甾酮A、前杯苋甾酮、makisterone、2，3-isopropylidene cyasterone、2，3-isopropylidene isocyasterone、羟基杯苋甾酮等。目前报道的甾酮类化合物多以游离形式存在。张翠英等采用高效液相色谱法对4个省，8个产地的牛膝中的蜕皮甾醇的含量进行测定，结果显示川牛膝中蜕皮甾醇含量为0.057%。除根外，川牛膝茎、叶中也含有甾醇。随着川牛膝的生长发育，甾醇类物质在根中含量出现由低到高的变化，直到采挖期，根中甾醇的含量达到最高。

3. 多糖类

川牛膝多糖是从川牛膝中提取出的一种活性多糖，现代研究表明多糖为川牛膝的药效物质基础之一，在药材中含量非常高，具有提高免疫力、抗氧化、抗肿瘤等药理作用。川牛膝多糖是以果糖为主，葡萄糖为辅的呋喃型的多聚糖，由6～12个单糖残基构成，以（2→1）连接为骨架，其上有大量的（2→6）连接分支。惠永正等人从牛膝中分离得到一水溶性寡糖（Abs）。Yu Biao等从牛膝中得到一种具有增强机体免疫系统活性的多糖类成分。阎家麒等将牛膝根经热水提取后，所得的纯化的牛膝多糖分子量为1.44kD。方积年等从牛膝中得到有免疫活性的肽多糖ABAB，主要由甘氨酸、谷氨酸、门冬氨酸和丝氨酸组成。陈元娜等人通过计算免疫器官、迟发型变态反应等评价了川牛膝多糖对免疫功能的影响，得出高剂量组具有一定的促进非特异性免疫的作用。陈红等人对川牛膝多糖抗肿瘤进行了探索，得出抗肿瘤作用机制可能与改善机体的血液变性和减毒作用有关。

4. 其他成分

耿秋明等从川牛膝中首次分离鉴定出阿魏酸，并利用HPLC测定了其阿魏酸的含量。阿魏酸可抑制血小板聚集，抑制5-HT的释放，对非特异性免疫、体液免疫和细胞免疫功能均有较强的促进作用。在川牛膝药材中首次分离出阿魏酸成分对于进一步研究其药理特性及功效有指导意义。

Nicolov Stefan等人应用2-D纸色谱方法从牛膝中提取分离得到了5种酚性化合物，其中利用柱层析和制备纸层析方法得到了4种化合物。通过与标准品比较，在甲醇以及其他诊断试剂中进行UV测定，确定了3种黄酮化合物为槲皮素-3-*O*-芸香苷（芸香苷）、槲皮素-3-*O*-葡萄糖苷（异槲皮素）、山柰酚-3-*O*-葡萄糖苷。

巢志茂等人利用GC-MS联用法首次分析了牛膝干燥根的挥发油的化学成分。共鉴定45个化合物，其中除十六酸外，44个化合物均系首次在该植物中报道。

Rtra Parminder等人首次分别对怀牛膝和土牛膝的生物碱类成分进行了分析。在这之后，Bisht等人从牛膝中进一步分离得到了生物碱类化合物、香豆素类化合物以及甜菜碱。无机成分中铁、钙、镁、钾、钠和五氧化二磷的含量分别为0.453%、0.048%、0.079%、1.115%、0.476%、0.543%。其中钾的含量最高。

（二）化学成分的理化性质及稳定性

蜕皮甾酮为淡黄色结晶性粉末，具有吸湿性，易溶于乙醇，微溶于丙酮、乙酸乙酯，不溶于乙醚，熔点：242～244℃。

三萜皂苷为无定形粉末，均具有旋光性，溶于含水正丁醇或戊醇。皂苷水溶液振摇能产生持久性肥皂泡沫。川牛膝中三萜皂苷多为齐墩果烷型，基本骨架是多氢蒎的五环母核，只含有孤立双键，无明显紫外吸收。川牛膝中三萜皂苷类水解以后生成齐墩果酸、葡萄糖醛酸等。闫文静等人采用HPLC-ELSD测定川牛膝中三萜皂苷的含量，刘伟光采用HPLC方法测定皂苷的含量，设定检测波长为205nm。

川牛膝多糖由6～12个单糖残基构成，以果糖为主的果聚糖。果聚糖的糖苷键对酸水解非常敏感，2→6连接的果聚糖在温和的条件下水解，能得到一系列单糖。根据研究表明，浓度6%的川牛膝多糖溶液在0.025mol/L的硫酸浓度，65℃条件下，水解8分钟，可尽可能减少对糖结构的破坏。

二、药理作用

川牛膝为苋科植物川牛膝的干燥根。川牛膝分布于四川、云南、贵州等地，以主产四川而得名，尤以四川省天全县所产的品质最佳。川牛膝之名最早可追溯到唐代，在明代《滇南本草》记载川牛膝具有益肝肾、强筋骨的功效。《中国药典》2015年版记载川牛膝的功效为逐瘀通经，通利关节，利尿通淋。现代药理学研究川牛膝具有免疫调节、抗氧化、抗肿瘤、降低血液黏度等作用。

（一）对血液系统的影响

陈红等在1996年用WX-6型多部位微循环显微仪和维多Fas-94型血流快测仪，对川牛膝、怀牛膝水煎液进行了小鼠肠系膜微循环、瘀血型大鼠全血黏度、红细胞压积等指标的对比研究，结果发现在改善微循环方面，川牛膝作用强于怀牛膝。川牛膝、怀牛膝均能降低血浆黏度，怀牛膝高剂量降低全血黏度，川牛膝则能增强红细胞变形能力。孟宪群等人研究了不同浓度川牛膝乙醇提取物的粗多糖在体内的抗凝血活性，用50%乙醇、20%乙醇、水为溶剂回流提取，乙醇醇沉，最终浓度为80%，沉淀出粗多糖。结果显示：川牛膝水提粗多糖和20%乙醇提粗多糖能显著延长小鼠全凝血时间、出血时间、凝血酶时间以及活化部分凝血酶时间，显著降低纤维蛋白原，并且随着浓度的加大，效果更加显著。凝血酶时间以及活化部分凝血酶时间被延长，说明粗多糖在体内起到抗凝作用的途径是通过使内源性凝血途径和共同凝血途径被激活完成的；降低纤维蛋白原，说明川牛膝多糖体内抗凝与血浆蛋白原有联系。

（二）免疫调节作用

川牛膝多糖类成分被认为是其主要活性成分并具有免疫调节作用。近年来对川牛膝免疫调节作用的研究越来越多，现总结如下。

1. 对体液免疫的影响

倪青松等将400mg/kg体重的川牛膝多糖添加在饲料中，喂给7日龄仔鸡，观察其对鸡的免疫调节作用。结果发现，与对照组相比川牛膝多糖组的血清IgG、IgM和IgA的水平显著升高。提示川牛膝多糖能够提高血清非特异性抗体水平，从而提高机体的免疫水平。

2. 对细胞免疫的影响

罗李媛等报道，在7日龄的三黄鸡的饲料中加入川牛膝多糖，试验发现，川牛膝多糖能显著提高不同日龄的三黄鸡的T淋巴细胞和巨噬细胞阳性率以及脏器指数，说明其具有免疫增强作用。王剑等的研究结果发现，川牛膝多糖能增强小鼠迟发型变态反应，提高小鼠碳粒廓清速率、增加抗体生成细胞数量，并具有剂量依赖性。

3. 对红细胞免疫的影响

红细胞免疫功能是机体免疫功能的重要组成部分。贾仁勇等以7日龄的三黄鸡为试验动物，在饲料中加入川牛膝多糖添加剂。结果表明，与对照组相比，川牛膝多糖显著增强了鸡淋巴细胞阳性率，显著提高了21日龄时E-C_3bRR花环率、28日龄时E-ICR花环率及淋巴细胞总花环率。结果提示，川牛膝糖能提高鸡外周血淋巴细胞和鸡红细胞免疫功能。李祖伦等报道，给小鼠灌服川牛膝多糖，每天一次，连用8天，发现川牛膝多糖能显著提高C_3b花环率，显著降低IC花环率，说明川牛膝多糖灌胃能显著促进小鼠红细胞免疫功能。为进一步研究川牛膝补益功能的机制提供了线索。

4. 对机体免疫低下的保护作用

陈红等用环磷酰胺制作免疫低下模型，观察川牛膝多糖对外周血白细胞数量的影响。试验发现，川牛膝多糖能显著的回升正常小鼠和荷瘤小鼠的白细胞减少。其中荷瘤小鼠试验组的回升作用最为显著，表明川牛膝多糖对免疫低下小鼠白细胞下降有一定的拮抗作用，其拮抗作用可能与川牛膝的益肝肾、强筋骨的功效有关。

（三）抗炎

川牛膝具有抗炎的作用，单玮等人的研究结果表明川牛膝对滑膜炎症反应较模型组有不同程度减轻，其中牛膝高剂量组抗炎效果尤为明显。在抗炎方面，对大鼠蛋清性足肿胀及炎症的影响，川牛膝功效胜于怀牛膝。

（四）降压作用

启明等以自发性高血压大鼠为对象，研究川牛膝醇提物高、中、低三个剂量组对自发性高血压大鼠的血压、心肌血管紧张素转换酶（ACE）活性、心肌细胞直径影响。实验结果显示：在给药 8 周后，川牛膝不论高、中剂量组还是低剂量组均能降低自发性高血压大鼠的血压，其中高剂量组降压效果与阳性对照依那普利无显著差异；同时，实验结果表明川牛膝高、中、低三个剂量组亦能影响心肌细胞直径、降低心肌ACE活性。

王艳采用川牛膝醇提物对自发性高血压大鼠的降压作用机制进行探讨，得出川牛膝醇提物的降压作用与降低肾脏的血管紧张素转换酶的表达水平有关。另研究表明川牛膝醇提物可能与其抑制ACE、AT-1BmRNA表达有关。

（五）抗氧化

川牛膝乙酸乙酯、正丁醇提取物以及川牛膝50%醇沉多糖清除自由基的能力大于氧化型谷胱甘肽，说明川牛膝乙酸乙酯、正丁醇以及50%醇沉部位含有成分均有抗氧化作用。此外，有研究表明川牛膝多糖具有一定抗氧化作用，剂量在每天300mg/kg时，抗氧化效果最佳。在延缓衰老方面，李献平等以家蚕为实验动物，观察川牛膝、怀牛膝对家蚕幼虫龄期、体重及身长的影响。结果显示，活血化瘀偏胜的川牛膝的延寿作用优于补益肝肾偏重的怀牛膝，为我们提供了抗衰老应活血化瘀、补益肝肾共施，且以活血化瘀为主的新线索。

（六）抗肿瘤作用

陈红等研究了川牛膝多糖对小鼠肉瘤、小鼠肝癌的抑制作用以及对环磷酰胺（Cy）所致正常及荷瘤小鼠外周血白细胞减少的影响。结果表明：川牛膝多糖对小鼠肉瘤（S_{180}）的抑制率为10.00%～48.08%；对小鼠肝癌（H_{22}）的抑制率为21.99%～42.21%；对环磷酰胺（Cy）所致正常或荷瘤小鼠外周血白细胞减少有极显著的回升作用，说明川牛膝多糖不仅有抗肿瘤作用，还能减轻Cy所致外周血白细胞减少。

（七）降血糖

陈秋等通过以细胞培养液中葡萄糖的消耗量、细胞胰岛素的释放量为指标，发现蜕皮甾酮在1×10^{-6}～1×10^{-4}mol/L浓度范围内可使葡萄糖消耗量增加，且蜕皮甾酮的降糖效果随着培养液中葡萄糖浓度的升高而降低。该实验说明蜕皮甾酮降糖作用是通过肝细胞发挥作用的，并且是非胰岛素依赖的降糖作用。他们还通过胰岛素抵抗细胞模型，发现蜕皮甾酮在胰岛素抵抗细胞模型中能增加胰岛素的敏感性，改善糖代谢。此外，他们提出将蜕皮甾酮作为胰岛素抑制剂。蜕皮甾酮可以改善胰岛素阻抗引起的血糖升高，且它的毒副作用很小，可安全使用。

（八）其他作用

刘颖华等研究了川牛膝多糖硫酸酯的体外抗单纯性疱疹病毒2型活性，结果显示川牛膝多糖本身无抗病毒活性，硫酸化后有抑制乙肝病HbsAg、HbeAg的单纯性疱疹病毒的活性。

在补益方面，陈成勋等使用川牛膝与普通饲料混合后制成中草药饲料后分组饲养中华绒螯蟹，结果发现川牛膝含量在1.0%时，中华绒螯蟹平均增长速度最快；2周时川牛膝对中华螯蟹丰满度的影响随添加浓度增加而显著提高，因此推测该结果与川牛膝本身强筋骨的功效有关。近年有研究报道，川牛膝含的昆虫变态激素、脱皮甾酮、杯苋甾酮有促进蛋白质合成、抗血小板聚集等活性，与川牛膝补肝肾、强筋骨功效相符。

对泌尿生殖系统的影响及抗生育作用。川牛膝浸膏和煎剂对离体或在体家兔子宫无论孕否都有兴奋作用，对受孕或未孕豚鼠子宫呈弛缓效应。川牛膝浸膏使猫的未孕子宫呈弛缓现象，受孕子宫则发生强有力的收缩，对离体大鼠子宫的作用相反，川牛膝呈抑制作用。川牛膝的苯提取物对小鼠有抗生育、抗早孕和抗着床作用。

三、应用

川牛膝为苋科植物川牛膝（*Cyathula officinatis* Kuan）的干燥根。其名首见于唐·蔺道人《仙授理伤续断秘方》，于晚清民初时入药使用。川牛膝性平、味甘、微苦，具有逐瘀通经、通利关节、利尿通淋、补肝肾之功效。牛膝乃足厥阴、少阴之药，可用于治腰膝骨痛、足痿阴消、失溺久疟、伤中少气诸病；生用则能去恶血。因其苦平下行，可引湿热瘀浊下泄，解除亢逆上炎之火，有“下行之品，非牛膝莫属”之说。

（一）逐瘀通经，用于治疗血滞经闭

川牛膝活血祛瘀力较强，性善下行，长于活血通经，其活血祛瘀作用有疏利降泄之特点，尤多用于妇科经产诸疾以及跌打伤痛。治瘀阻经闭、痛经、月经不调、产后腹痛，常配当归、桃仁、红花，如血府逐瘀汤（《医林改错》）；治胞衣不下，可与当归、瞿麦、冬葵子等同用，如牛膝汤（《备急千金要方》）；治跌打损伤、腰膝瘀痛，与续断、当归、乳香、没药等同用，如舒筋活血汤（《伤科补要》）；治女人月经淋闭，月经不来，绕脐寒疝痛，及产后血气不调，腹中结瘕癥不散诸病，如万病丸（《济生拔萃方》）；治产后尿血：川牛膝水煎频服（《熊氏补遗》）。

中医认为“肾虚为治病之本”，气血瘀滞可导致功能性子宫出血。川牛膝

归肝、肾经，现代药理学研究川牛膝能显著增加子宫收缩面积，从而压迫宫内血管而止血，故川牛膝用治瘀滞胞宫所致功能性子宫出血最为合适。

（二）通利关节

风湿痹痛，配以黄芪、金银花、石斛、远志等，用于痹证急性发作以四肢大关节肿剧痛，双膝、髋关节肿痛为主者；又可用于痹痛日久，腰膝酸痛，常配伍独活、桑寄生等，如独活寄生汤（《千金方》）。治疗气湿痹痛，腰膝痛，可用牛膝叶一斤（切），以米三合，于豉汁中煮粥，和盐、酱，空食之（《太平圣惠方》）。易安曾用清热活血法治疗活动期风湿性关节炎，用丹参、川牛膝、苍术、地龙、黄柏、防己、忍冬藤、防风、薏苡仁、威灵仙、连翘、生石膏、知母、桑枝、络石藤等，与对照组甲氨蝶呤相比较，得出清热活血方疗效显著，能有效缓解活动期类风湿关节炎的临床症状。

风湿痹症，中医认为该病为本虚标实之证，以脾肾两虚为本，湿、热、痰、瘀外阻关节经络为标，治法宜清利湿热、清热化痰、健脾益肾。采用四味痛风方，黄芪、女贞子、川牛膝等药治疗急性风湿痹症。

（三）利尿通淋

尿血血淋，配以黄芪、金钱草、萹蓄、茯苓、海金沙等，对于治疗泌尿系结石有很好的疗效。因其苦平下行，可引湿热瘀浊下泄，解除亢逆上炎之症。治热淋、血淋、砂淋，常配冬葵子、瞿麦、车前子、滑石用，如牛膝汤（《备急千金要方》)；治水肿、小便不利，常配地黄、泽泻、车前子，如加味肾气丸(《严氏济生方》)。治疗小便色红，溺时无痛苦，每次小便均带红色，食欲正常，腰腹不痛，不发热，脉缓，苔白质暗红，应用川牛膝、小茜草、炒蒲黄、黄柏、白茅根、龟甲、鹿角霜、车前子，服药三剂，血止，八剂而愈。便血，白细胞增多，使用川牛膝、儿茶、白茅根、升麻、桔梗、黄柏、生地黄、车前子、炒蒲黄、茜草，服药十二剂告愈。

(四)补肝肾

《名医别录》中记载川牛膝可疗伤中少气，男子阴消，老人失溺，补中续绝，益精利阴气，填骨髓，止发白，除脑中痛及腰脊痛，妇人月水不通，血结。治疗劳疟积久，不止者：采用大牛膝一握，生切，以水六升，煮二升，分三服。清早一服，未发前一服，临发时一服(《外台秘要》)。用牛膝汁五升浸之，日曝夜浸，汁尽为度，蜜丸梧子大，每空心温酒下三十丸。久服壮筋骨，驻颜色，黑发，津液自生(《经验后方》)。

(五)其他作用

对于外感风热邪气及风温、疫毒湿邪，侵袭上焦而致咽喉赤红肿之热壅不降、挟有瘀血之症，效果很好。川牛膝味苦善泄降，能导热下泄，引血下行，以降上炎之火，可用于治疗火热上炎，阴虚火旺之头痛、眩晕、齿痛、口舌生疮、吐血、衄血。治肝阳上亢之头痛眩晕，可与代赭石、生牡蛎、生龟甲等配伍，如镇肝息风汤（《医学衷中参西录》）；治胃火上炎之齿龈肿痛、口舌生疮，可配地黄、石膏、知母等同用，如玉女煎（《景岳全书》）；治气火上逆，迫血妄行之吐血、衄血，可配白茅根、栀子、代赭石以引血下行，降火止血。川牛膝配伍蒲公英，二药合用对睑腺炎有特效；用川牛膝配以丹参、桃仁、红花、赤芍、全瓜蒌、薤白等治疗冠心病心绞痛，疗效颇佳；配伍川芎、生石决明、生地黄、菊花、蔓荆子、白僵蚕等治疗血管性偏头痛，一般服药几剂即可取效；配伍天麻、钩藤、黄芩、络石藤、川芎、红花等治疗脑血栓形成，尤其是高血压脑血栓形成效果较好。此外，川牛膝通络而直捣血窠，对慢性扁桃腺炎反复红肿溃烂者，以及梅核气包括西医之慢性咽炎、声带结节及息肉等以血瘀为著之证，疗效颇佳。

现代临床多沿用生川牛膝、酒川牛膝和盐川牛膝等。生用以逐瘀通经为主；酒炙后用以增强逐瘀、通利关节作用；盐炙则增强利尿通淋的作用。因其药效好，治疗效果佳，副作用小，川牛膝在临床上有广泛的应用。川牛膝配以其他的中药制成的方剂临床多用于治疗慢性盆腔炎、心绞痛、胸膜增厚、血瘀证、乳腺增生、中风、四肢大关节肿痛、睑腺炎、血管性偏头疼、高血压脑血栓。

参考文献

[1] 中国科学院中国植物志编写委员会. 中国植物志 [M]. 北京：科学出版社，1979.

[2] 万德光，彭成，赵军宁. 四川道地中药材志（精）[M]. 成都：四川科学技术出版社，2005.

[3] 国家药典委员会. 中华人民共和国药典：一部 [M]. 北京：中国医药科技出版社，2015：38-39.

[4] 刘千，吴卫，罗浩，等. 川牛膝种子质量检验方法研究 [J]. 中国中药杂志，2011，36（11）：1423-1426.

[5] 张国珍. 川牛膝种子保存技术初探 [J]. 资源开发与市场，2013，29（12）：1235-1236.

[6] 邵金凤，吴卫，刘千，等. 川牛膝种子质量分级标准研究 [J]. 种子，2012，31（2）：1-4.

[7] 陈翠平，裴瑾，张祎楠，等. 川牛膝种子生物学特性及萌发特性的初步研究 [J]. 中药与临床，2014，5（4）：1-3，6.

[8] 黎万寿，陈幸，崔红梅. 川牛膝生产加工调查和开发利用 [J]. 现代中药研究与实践，2000，（6）：34-36.

[9] 范巧佳，方志然，孙磊，等. 川牛膝种子发芽特性的研究 [J]. 四川农业大学学报，2013，31（3）：254-257.

[10] 刘千，罗浩，蔡文国，等. 川牛膝种子发芽试验与生活力测定方法的研究 [J]. 种子，2011，30（7）：20-22，25.

[11] 叶冰，王书林，杨秀英，等. 川牛膝种子萌发特性的研究 [J]. 中国现代中药，2006（10）：32-33.

[12] 邵金凤，吴卫，刘正琼，等. 一年生川牛膝干物质积累与氮、磷、钾营养吸收特性研究 [J]. 中国农学通报，2013，29（6）：91-96.

[13] 刘维，张祎楠，裴瑾，等. 川牛膝品种与品质的灰色关联度分析研究 [J]. 中国药学杂志，2014，49(20)：1796-1801.

[14] 郭庆梅，卫云，兰亦青. 不同生长期川牛膝根的发育变化 [J]. 山东中医药大学学报，1998，22（3）：219-220.

[15] 佚名. 神农本草经 [M]. 上海：商务印书馆，1955：64.

[16] 蔺道人. 仙授理伤续断秘方 [M]. 北京：人民卫生出版社，1957：78.

[17] 贾所学. 药品化义 [M]. 民间医师抄本，1970：31.

[18] 缪希雍. 神农本草经疏 [M]. 北京：中医古籍出版社，2002.

[19] 李时珍. 本草纲目 [M]. 北京：华夏出版社，2002：43-46.

[20] 汪昂. 本草备要 [M]. 北京：中国中医药出版社，2008.

[21] 袁盼，申俊龙. 道地中药材价格波动的成因与优化策略 [J]. 中草药，2014，45（23）：3503-3508.

[22] 龙兴超，马逾英. 全国中药材购销指南 [M]. 北京：人民卫生出版社，2010.

[23] 刘坚，张挺，陈德茜，等. 川牛膝组织培养快繁技术研究 [J]. 中药材，2006，29（5）：425-426.

[24] 王书林，陈丹丹. 川牛膝规范化生产技术标准操作规程 [J]. 中国现代中药，2006，8（8）：38-40.

[25] 杨梅，刘维，吴清华，等. 川牛膝种子成熟度与发芽率、生活力之间关系的研究 [J]. 中药与临床，2015，6（2）：1-3.

[26] 王倩，杨梅，裴瑾，等. 含水量对川牛膝种子活力的影响及其抗老化机制分析 [J]. 中国中药杂志，2016：41（7）：1222-1226.

[27] 刘坚，张挺，陈得茜，等. 川牛膝组织培养快繁技术研究 [J]. 中药材，2006，29（5）：425-426.

[28] 吴清华，裴瑾，刘薇，等. 川牛膝、杜仲种子萌发特性的研究 [J]. 中药与临床，2015，6（6）：5-7.

[29] 颜旭. 川牛膝抗寒种质筛选及其耐寒机理研究 [D]. 雅安：四川农业大学，2014.

[30] 赵磊. 川牛膝与黄连轮作规范化种植规程和川牛膝多糖提取分离技术研究 [D]. 成都：成都中医药大学，2009.

[31] 赵磊，余弦，宋玉丹，等. 川牛膝不同种植模式比较 [J]. 中国试验方剂学杂志，2015，21（8）：86-89.

[32] 方志然. 种植密度对川牛膝干物质积累和产量与质量的影响 [D]. 雅安：四川农业大学，2011.

[32] 张红瑞，杨静，沈玉聪，等. 栽培技术对牛膝品质的影响研究 [J]. 河南农业，2015（6）：42.

[33] 兰海，顾国栋，蒋祺，等. 底肥对川牛膝生长的影响 [J]. 安徽农业科学，2014，42（14）：4238-4239.

[34] 陶弘景. 名医别录 [M]. 北京：人民卫生出版社，1986：36.

[35] 孙思邈. 千金翼方 [M]. 北京：人民卫生出版社，1983：5.

[36] 杨士瀛. 仁斋直指方 [M]. 上海：上海第二军医大学出版社，2006：68.

[37] 顾元交. 本草汇笺 [M]. 上海：上海中医药大学出版社，1992：45.

[38] 严西亭. 得配本草 [M]. 北京：科技卫生出版社，1958：19.

[39] 张璐. 本经逢原 [M]. 上海：上海科学技术出版社，1959：78.

[40] 黄宫绣．本草求真［M］上海：上海科学技术出版社，1979：36.

[41] 杨时泰．本草述钩元［M］．上海：上海科学技术出版社，1959：244.

[42] 张秉承．本草便读［M］．上海：上海科学技术出版社，1957：17.

[43] 马英，毕开顺，王玺，等．HPLC法测定川牛膝中杯苋甾酮的含量［J］．中草药，2000，31（6）：427-428.

[44] 王奎鹏，余海滨．不同生长年限川牛膝种葛根素和杯苋甾酮含量比较与分析研究［J］．食品与药品，2017，19（2）：84-88.

[45] 孙磊．川牛膝HPLC指纹图谱构建与药材质量评价研究［D］．雅安：四川农业大学，2009.

[46] 赵磊．川牛膝及常见混用品鉴别研究［J］．亚太传统医药，2017，13（16）：32-34.

[47] 王宁．《医学衷中参西录》中牛膝等四种中药材的品种考证［J］．中药材，2015，38（4）：851-854.

[48] 何光星，舒光明，宾雪英，等．川牛膝及其混淆品活血化瘀作用比较［J］．时珍国医国药，2015，26（10）：2336-2339.

[49] 赵轩．川牛膝、麻黄HPLC-MS指纹图谱研究［D］．天津：天津大学，2007.

[50] 童凯，李昭玲，邓孟胜，等．川牛膝酒炙和盐炙前后HPLC化学指纹图谱及其主要药效成分量变化研究［J］．中草药，2016，47（4）：580-584.

[51] 王耐，卢文彪，凌秀华，等．牛膝和川牛膝药材的特征提取与图像识别［J］．中国药房，2017，28（12）：1670-1672.

[52] 王斌，刘维，裴瑾，等．电子舌技术在鉴别川牛膝中应用［J］．中国药房，2017，28（36）：5126-5130.

[53] 田孟良，官宇，刘帆，等．基于RAPD标记的SCAR分子标记技术鉴定川牛膝及混淆品［J］．中国中药杂志，2010，35（8）：953-956.

[54] 刘维．基于分子谱系地理学进行川牛膝的品种与质量分析［D］．成都：成都中医药大学，2016.

[55] 尚风琴．怀牛膝与川牛膝功能活性成分的比较研究［D］．武汉：中科院武汉植物园，2016.

[56] 王一飞，王庆瑞，刘晨江，等．怀牛膝总皂苷对肿瘤细胞的抵制作用［J］．河南医科大学学报，1997，32：4-6.

[57] 时春娟，周永达，张剑波，等．牛膝多糖研究进展［J］．中国新药杂志，2006，15（16）：1330-1333.

[58] 惠永正，邹卫，田庚元．牛膝根中一活性寡糖（ABS）的分离和结构研究［J］．化学学报，1989，47（6）：621-622.

[59] Yu Biao，Tian Zheng-Yuan，Hui Yong-Zheng．Structral study on a bioactive fructive from the root of Achytanthes bidentate BI［J］．Chin J Chem，1995，13（6）：539-555.

[60] 阎家麒，王九一. 牛膝多糖工艺研究. 中国医药工业杂志. 1995，26（11）：481-483.
[61] 方积年. 多糖的分离纯化及其纯度鉴别与分子量测定［J］. 药学通报. 1984，19（10）：622.
[62] 郭良君，谭兴起，郑巍，等. 川牛膝化学成分的研究［J］. 中南药学，2013，11（7）：495-497.
[63] 刘小妹，程中琴，施崇精，等. 川牛膝多糖的研究概况［J］. 亚太传统医药，2017，13（24）：61-63.
[64] 刘斌，王彦志，张萌，等. 牛膝化学成分及质量标准研究进展［J］. 河南中医，2014，34（11）：2266-2268.
[65] 付国辉，陈随清，刘嘉，等. 牛膝化学成分及等级分类研究［J］. 海峡药学，2018，30（2）：29-32.
[66] 耿秋明，金昌晓，王漩. 川牛膝有效成分阿魏酸的分离与测定［J］. 中国中医药信息杂志，2000，11（7）：36.
[67] 郑虎占，董泽宏，余靖. 中药现代研究与应用［M］. 北京：学苑出版社，1997：1055-1073.
[68] Nicolov Stefan，Tbuan Ngugen，Zhelizlov Valocho. Flaroonoids from Achyranthes bidentate BI［C］Acta Hoctic，1996：426（Iternational on Medicinal and Aromatic Plantas，1995）.

[69] 巢志茂，何波，尚儿金. 怀牛膝挥发油成分分析.［J］天然产物研究与开发，1999，11（4）：41-43.
[70] Rtra Parminder S. Alkaloids in two species of Achyranthes at different stages of their growth［J］Curr Trends Life Sct，1979，4（Avd，Ecol）：81-85.
[71] Bisht G，Sandhuh. Chemical constituents and antimicrobial activity of achyanthes bidentata［J］. J Indian Chem Soc，1990，67（12）：1002-1008.
[72] 单玮，阙华发. 三妙丸类方及川牛膝对急性痛风性关节炎大鼠炎症反应的作用机制研究［J］. 世界中医药，2013，8（2）：189-193.
[73] 启明，辛国，朱国琪. 川牛膝醇提物对自发性高血压大鼠血压、心肌ACE活性及心肌细胞直径影响的研究［J］. 中国现代中药，2010（6）：34-37.
[74] 王艳. 川牛膝醇提取对自发性高血压大鼠血压及血管紧张素转换酶表达的影响［J］. 内蒙古中医药，2012（19）：83-84.
[75] 曲智勇. 川牛膝醇提物降压作用机理的实验研究［D］. 长春：长春中医药大学，2008.
[76] 张培全，刘盈萍，张超. 川牛膝提取物清除自由基作用的研究［J］. 中草药，2013，36（3）：458-461.
[77] 唐静. 不同剂量川牛膝多糖对小鼠抗氧化活性的影响［D］. 雅安：四川农业大学，2013.
[78] 李献平，刘敏. 川、怀牛膝对家蚕寿命的实验研究［J］. 北京针灸骨伤学院学报，1998，5（2）：10.

[79] 陈红，刘友平．川牛膝多糖抗肿瘤作用初探［J］．成都中医药大学学报，2001，24（1）：49-50．

[80] 宋军，杨金荣，李祖伦．川牛膝多糖对小鼠肝癌细胞抑制作用研究［J］．四川生理科学杂志，2002，24（3）：118-119．

[81] Kitching R P，hutber A M，Thrusfield M V．A review of foot-and-mouth disease with special consideration for the clinical and epidemiological factors relevant to predictive modelling of the disease［J］．the Veterinary Journal，2005（169）：197-209．

[82] 倪青松，王斌，李旭廷．川牛膝多糖对鸡血清抗体和血液生化指标的影响［J］．四川畜牧兽医，2011，6：27-31．

[83] 罗李媛，贾仁勇，殷中琼，等．川牛膝多糖对鸡免疫器官及其免疫活性细胞动态变化的影响［J］．黑龙江畜牧兽医，2008（1）：82-83．

[84] 王剑，付田，蒲蔷，等．川牛膝多糖的体内免疫活性研究［J］．中药药理与临床，2007（6）：31-33．

[85] 王剑，蒲蔷，何开泽，等．川牛膝多糖的体外免疫活性研究［J］．应用与环境生物学报，2008（4）：481-483．

[86] 贾仁勇，周墨梅，葛宇，等．川牛膝多糖对鸡红细胞免疫及外周血淋巴细胞免疫功能的影响［J］．中国兽医杂志，2009（1）：35-37．

[87] 李祖伦，石圣洪，陈红，等．川牛膝多糖促红细胞免疫功能研究［J］．中药药理与临床，1999，15（4）：26-27．

[88] 陈红，石圣洪．中药川怀牛膝对小鼠微循环及大鼠血液流变学的影响［J］．中国微循环，1988，2（3）：182．

[89] 陈秋，夏永鹏，邱宗荫．蜕皮甾酮对HepG 2 细胞葡萄糖消耗的影响［J］．中国药理学通报，2005，21（11）：1358-1362．

[90] 陈秋，夏永鹏，邱宗荫．蜕皮甾酮对胰岛素抵抗细胞模型胰岛素敏感性和糖代谢的影响［J］．中国药理学通报，2006，22（4）：460-464．

[91] 陈成勋，陶宗龙，季延斌，等．紫草和川牛膝对中华绒螯蟹生长及抗氧化指标的影响［J］．东北农业大学学报，2014，45（11）：76-82．

[92] 刘颖华，何开泽．川牛膝多糖硫酸酯的体外抗单纯疱疹病毒2型活性［J］．应用与环境生物学报，2004，10（1）46-50．

[93] 易安．清热活血方治疗活动期类风湿关节炎疗效分析［J］．按摩与康复医学，2017，8（16）：47-48．

[94] 郭鸿玲，王刚．中药汤剂联合西药分期治疗痛风性关节炎40例［J］．中医研究，2017，30（10）：10-13．